はじめに

近年の夏の暑さは、人にも植物にも厳しいもの。
夏を越えられる植物だけが育つ日なたよりも
むしろ、日陰のほうが植物にとって
恵まれた環境といえるかもしれません。
実際に日陰だから育つ植物はたくさんあります。
もし、日なたしかない庭ならば、
落葉樹を植えることをおすすめします。
やさしい木もれ日が、季節感のある
しっとりとした庭をつくってくれるでしょう。

日陰の庭の四季をめぐる

春

芽吹きのころに、満開になる花たち

常緑樹のユズの木の下に置いたのは、半日陰でもよく咲く宿根イベリスとビオラの寄せ植え。向こうに見えるチューリップは日なたよりも美しさが長もちして、白い花の競演がたっぷり楽しめる。

落葉樹の下で、みずみずしく

ここは落葉樹に囲まれた場所。冬から春までは日当たりがよく、落ち葉がつくったふかふかのじゅうたんの上で、チューリップはしっとりと咲く。みずみずしいギボウシやクリスマスローズは夏の直射日光が苦手なため、やがて木陰になる環境が最適。

木陰で色鮮やかに咲く花たち

落葉樹の下でのびのびと咲く純白のバラは'つるアイスバーグ'。'紫玉（しぎょく）'は光を求めて細い枝を長く伸ばし、紫色の花びらをビロードのように輝かせている。奥に見えるブルーと白の大きな花穂はデルフィニウム。

初夏

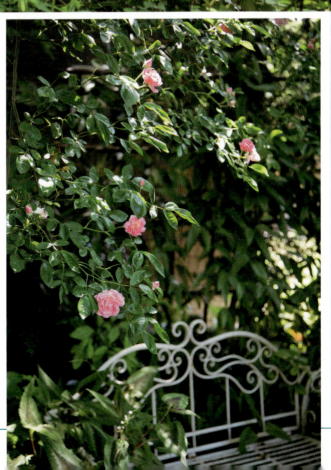

花数は少なくても、長もち

ピンクのつるバラは'春がすみ'。日なたでは花つきがよく、にぎやかに咲くつるバラは、半日陰に咲けばしっとりとした風情が味わえる。花が乾きやすい日なたとは異なり、みずみずしさが長く続く。

鉢植えは、高い位置で日差しを得る

日差しが入らなくても、高い場所のほうが明るさを得やすい。日陰に鉢植えを飾るときはテーブルやベンチの上など、できるだけ高い場所を選び、半日陰ならば日が入る角度も工夫したい。

西日が差す半日陰を彩るアナベル

ここは西日が差す半日陰。乾きやすい環境なので、水やりは欠かせないが、丈夫で育てやすく人気のアナベルは葉焼けすることもなく、大きな花をたわわに咲かせている。明るい緑色から白く色変わりし、涼しげ。

隅々まで、季節の色に染まる

アマナツは常緑でも葉が茂りすぎず、株元にほどよい木陰をつくる。実が黄色く色づき始めるころ、株元に茂るイワミツバやカレックスの間から、アシズリノジギクが素朴な花を咲かせ、庭は秋の装い。

カラーリーフで季節の色を重ねる

季節感の演出にも使えるのが、カラーリーフ。草紅葉のようなやさしい色合いのコリウス'ムーンライト'を、色褪せた緑に合わせると、庭は深まる秋の印象に。タイワンホトトギスなど、可憐な花が彩りを添えている。

日陰をいかす
四季の庭づくり
…もくじ…

はじめに——2
日陰の庭の四季をめぐる——4

第1章 日陰に庭をつくる——10

日陰を3つのタイプに分ける——12
日陰ができるわけ——13
庭の環境を知る——14
環境をチェックする——15
日陰のタイプで植物を選ぶ——16
樹木を植えて積極的に日陰をつくる——18

第2章 日陰をいかした4つの庭——20

Garden_1
落葉樹と山野草でつくる
ナチュラルな庭——22

斑入りやカラーリーフ、小さな花が落葉樹の足元を彩る——22
木もれ日に咲く山野草はさわやかな白い花——24
季節の恵みをそのまま生かす——26

Garden_2
花と緑が絶えない鉢植えガーデンは
西日だけが差す半日陰——28

半日陰の庭は、日差しを受け取る鉢植えのレイアウトがポイント——29
日差しがある空間は壁際、窓辺もフル活用——31
使える種類を広げる白壁のやわらかな反射光——32
日差しを和らげるアオギリの足元に咲くバラやアナベル——33
日差しがない秋冬の庭をカラーリーフで飾る——34

Garden_3
北向きの小さな花壇で
バラやアジサイを育てる——36

Garden_4
木もれ日がバラを潤す
里山のガーデン——38

適度な樹木の剪定がローズガーデンをつくる——38
環境に合う種類を選べばバラは半日陰の庭にも咲く——40
大きく枝を伸ばして明るさを得るつるバラ——42
初夏の多年草の美しさこそ半日陰の庭の喜び——44

Column ❶ 木もれ日をつくる雑木——46

第3章　日陰、半日陰を豊かにする植物——48

暗い日陰に適した植物——50
明るい日陰に適した植物——52
半日陰に適した植物——54
豊かな葉色が活躍——56
形や質感で選ぶ——58
フォーカルポイントをつくる——60
落葉樹の下は山野草のゆりかご——62

Column ❷　半日陰、明るい日陰にも使える日なたの植物——64

第4章　きれいな庭をつくるために——66

日陰の庭づくりの基本——68
　日陰の植物が喜ぶ土づくり——68
　多年草の植えつけ——69
　多年草のコーディネート／注意すべき日陰の水やり
　　多年草の施肥／マルチングの活用——70
　花がら切りと、切り戻し／多年草の剪定——71
　多年草の株分け——72
　もっと日差しがほしいときは——73

樹木のメンテナンス——74

Column ❸　日陰をつくる樹木の手入れ——75

次の季節へ続く風景——76
　足元の彩りから見上げるバラの景色へ——76
　山野草が季節を語るエゴノキの下——77
　半日陰を好むフロックスとペルシカリア——78
　夏は青々と、秋は黄葉する小道の風景——79

Column ❹　エクステリアで日陰づくり——80

第5章　日陰で使える植物図鑑——82

図鑑の見方——83
背景やシンボルになる植物——84
中景になる植物——92
前景になる植物——108

植物名索引——126

※栽培に関する時期は、おもに関東から関西地域を基準に表記しています。
※特定の品種名を入れていない植物は、一般的に手に入る好みの品種を選んで使用してください。

第1章

日陰に庭をつくる

日陰を3つのタイプに分ける——12

日陰ができるわけ——13

庭の環境を知る——14

環境をチェックする——15

日陰のタイプで植物を選ぶ——16

樹木を植えて積極的に日陰をつくる——18

植物に明るさは必要ですが、夏の強い日差しはやはり辛いもの。

そんな暑い夏の日にも、グリーンが潤い、

涼しげに花が咲く庭を、日陰ならばつくることができます。

ほどよい木陰をつくる樹木を植えれば、

日なたの庭が木もれ日の庭に変わります。

日陰を3つのタイプに分ける

ここでは日陰を暗い日陰、明るい日陰、半日陰の3つのタイプに分けて紹介します。

昼間なのにかなり暗い日陰もあれば、日は差さないけれど明るさがある日陰もあり、その日陰のタイプによって育つ植物は異なります。多少環境が悪くても植物は育ちますが、その特徴を十分に表現するには、植物にふさわしい日照環境で育てることが大切。日陰になる理由もふまえて、まずは手がける庭や場所の日陰のタイプを確認しましょう。日照環境は季節によっても変化するので、1年のうちでいちばん日が長い夏至、短い冬至の日照もチェックします。

日陰の3つのタイプ

この本では日陰を
次の3つのタイプに分けて紹介します。

暗い日陰

一日中ほぼ日が差さず、間接光も得られない日陰です。たとえばスギ林などに入ると、昼間でも暗く感じます。ほかにも建物に囲まれたスペースや、高い塀で日差しが遮られた場所などに、暗い日陰ができます。

明るい日陰

直射日光は差さないか、わずかに差す程度で、明るさがある日陰。ちらちらと木もれ日が差す落葉樹の下、周囲が開けて空からの間接光で明るい場所、建物や壁、道路に反射した間接光などが得られる場所です。

半日陰

1日数時間の日差しが得られる環境です。明るい日陰よりも育つ植物が増えます。ただし、夏場に強い西日が差す半日陰は、日陰の植物が葉焼けすることもあります。

日陰ができるわけ

　空からの間接光、構造物からの間接光が得られる場所は、直射日光が入らなくても明るさがあり、明るい日陰になります。
　下のイラストは暗い日陰、明るい日陰をつくってしまう例です。

構造物に挟まれた暗い日陰

周囲を家や壁に挟まれた細長い空間。間接光が入らないので、暗くなりがち。

空からの間接光で明るい日陰

周囲に構造物がなく、開けている場合は、空からの間接光があるので、日が差さなくても明るさがある。

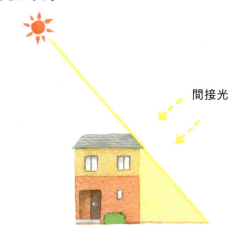

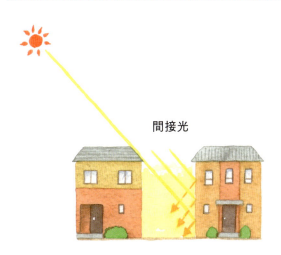

壁や塀からの間接光で明るい日陰

直射日光が入らなくても、隣家の壁や塀に反射する間接光が得られる。壁の色が白っぽい場合はより明るくなる。

木もれ日が入る明るい日陰

樹木に差した日差しが枝葉の間を通り抜け、木もれ日として得られるやさしい明るさ。

庭の環境を知る

日照のこと

　ここは日陰、そう思っていた場所が、日差しを得ていることがあります。北側の庭はいつも日陰と思いがちですが、夏の早朝や日没近くは北側に日が回り、正午前後もほぼ真上から日が差すため、日差しが届いて半日陰になる場合があります。日照環境は季節によって変化します。

　一方、日当たりがいいと思われる南向きの庭でも、その南側に隣家があれば日陰や半日陰になるかもしれません。庭より一段高い位置に家がある場合は、家の中で日当たりがいいと感じても、庭に出ると思うように植物に日が当たっていないことも。日照は植物の立場や目線で確かめます。周囲を見渡して建物などに反射した間接光や空からの間接光の有無も確かめましょう。

土壌のこと

　日当たりが悪いから植物が育たないという声をよく聞きますが、土壌がよくない場合が少なくありません。土の状態を知ることは、日照条件と同じく庭づくりの基本です。

　日陰の植物の多くは、森や林の中が生まれ故郷。樹木の葉が堆積した有機質たっぷりのふかふかの土が理想ですが、日陰だから植物は育たないと放置した庭は、おそらく有機質不足。腐葉土をすきこんで有機質たっぷりの土をつくりましょう。ふかふかの土は水はけがよく、しかもほどよい湿度を保ちます。

　また、日陰でも雨があまり当たらない壁際や塀際は土が乾燥しがち。家やガレージを新築して一段高くすると当然庭が低くなり、日陰ならばよけいに雨のあとの水はけが悪くなります。日陰の植物にとって快適な環境へ改善するにはそれぞれ土壌改良が必要です。

環境をチェックする

庭をつくり始める前に、まずは日照や土壌、風通しなどをチェックします。

- **Ⓐ 明るい日陰** ── 樹木の下の多年草はチョウジソウ、クリスマスローズ、イワミツバなど
- **Ⓑ 暗い日陰** ── 他の場所に比べて湿度がある。樹木の下の多年草はコツボゴケ、クジャクシダ、プルモナリア、ニリンソウ、アストランティアなど
- **Ⓒ 明るい日陰** ── チョウジソウ、ダルマノリウツギなど
- **Ⓓ 日なた** ── 敷き石を置き、日なたの植物を植栽している。アガパンサス、宿根サルビアなど
- **Ⓔ 明るい日陰** ── 樹木の下の多年草はイワミツバ、アシズリノジギク、カレックスなど
- **Ⓕ 暗い日陰** ── 隣家の陰で一年中暗い。クジャクシダ、ベニシダなど

『木ごころ』の庭

p.22〜27で紹介しているアトリエ『木ごころ』がデザインした庭です。まったくの更地からつくっています。東側は山が迫るため午前中はあまり日が差さず、南側の隣家の裏手は暗い日陰。西側が開けている庭でした。土は砂利を含み、高台のため全体に風通しがいい反面、湿度が低めでした。そこで、土壌は腐葉土をすきこんで改良。山野草や山の低木を植え込むために、密度を高めに落葉樹を植え、木陰をつくって西日を避けました。結果としてテラス前のハウチワカエデの下をはじめ、初夏から日陰になる場所が生まれ、落葉すると適度な日だまりができる庭になりました。

日陰のタイプで植物を選ぶ

　低木や多年草に目を向けると、さまざまな環境に合う植物が選べます。例えば、暗い日陰を好む植物には、わずかな光で生長し、季節になれば花を咲かせるシャガやヤブランがあり、赤いきれいな実をつけるマンリョウやヤブコウジもあります。

　庭の環境に合う植物を選んで植えたら、あとはこまめに庭に出て観察すること。時間帯や季節によっても日照は変化します。夏になって予想以上に強い日が差し込み、乾燥して葉焼けを起こしてしまう植物があるかもしれません。そうなる前に植物の変化やサインに気づき、しっとりとした緑を保ち続けることが日陰の庭づくりの醍醐味です。

　最近のライフスタイルのひとつとして、ナチュラル志向、グリーンを好む傾向があります。日陰の植物にはそんな志向にふさわしい多種多彩なリーフプランツや低木が多いので、好みで選びましょう。

※アメリカノリノキ'アナベル'は、本書では流通名のアナベルと表記しています。

暗い日陰に育つ植物

もともとは、おもに森や林の中の日差しが届かない場所に自生する植物。葉は厚みのある常緑の照葉で、花は地味でも実はつやのある赤などが多い。シダ類、ジャノヒゲ、ユキノシタなどは、独特なテクスチャー（質感）やフォルム（形）をもつ。

アオキ

花は小さくて地味でも、葉はつやがある照葉。

シャガ

湿り気のある暗い日陰を、白い花が明るくする。

明るい日陰に育つ植物

自然界では、樹木の木もれ日がある林の中などで見かける植物で、明るさは好むが直射日光は苦手。アセビやヤマアジサイ、ギボウシは美しい花や葉をもち、カタクリ、アスチルベ、アジュガなど、山野草からガーデニングでおなじみの多年草まである。

半日陰に育つ植物

森や林などの周辺に自生するタイプの植物。1日に数時間日が差せば元気に育ち、春・夏は花がきれいなものも多い。秋の代表のひとつはシュウメイギク。本来日なたに育つ植物でも、耐陰性があれば半日陰で育つので、バリエーションは豊富。

アセビ
白いスズランのような花を房状に咲かせる。

アナベル
アジサイに似た純白の花。丈夫で花もちがいい。

ギボウシ
斑入りの品種も多く、形や大きさも多様。

シュウメイギク
華やかで丈夫。秋の庭に欠かせない。

樹木を植えて積極的に日陰をつくる

　暑い夏の日は木陰に入るとほっとします。木もれ日は心地よく、足元にしっとりとした緑があれば、目も心も安まります。

　日当たりのいい庭にも落葉樹を植えると、そんな木陰が生まれます。木もれ日が差す庭になれば、もっと花や緑に触れたくなり、窓から庭を眺める機会も増えるでしょう。秋には紅葉し、落葉すれば日の当たる場所に変わります。樹木の足元に早春に咲く山野草を植え、庭先を小さな雑木林や里山に見立ててもいいでしょう。枝葉が茂りすぎたら、剪定してほどよい明るさ、大きさの日陰につくり変えられるのも樹木のいいところです。

　日陰があることは陰影があること。つまり深みがあることです。落葉樹を植えたら、日陰の植物も植え込んで、絵画や写真で見るような陰影のある庭をつくりましょう。

初夏、潤う日陰

庭に水やりをしたあとは、こうして縁台を置いてしばし涼んでもよし、窓を開放して潤った空気を部屋に送り込んでもよし。

アプローチは雑木林

門扉から玄関までに、軽やかなカエデやアオダモなどを植え込み、株元には斑入りのアジサイ、ギボウシなどアクセントになる植物を植栽。短いアプローチに雑木林の風景をつくっている。

シンボルツリーを植える

家を新築し、庭づくりの第一歩にシンボルツリーを植栽。そのアオダモは道路と家の間のクッションになり、やがては木もれ日の空間をつくる。アナベルはそれを待っているよう。

都心の住宅地に木もれ日を

常緑のシマトネリコは株立ちの本数が少ないと、比較的スリム。小さな葉は木もれ日をつくり、都心の庭で活躍。2階のリビングの窓からちょうど見える位置に葉を茂らせている。

第 2 章

日陰を生かした4つの庭

*Garden*_1   落葉樹と山野草でつくる
                ナチュラルな庭——22

*Garden*_2   花と緑が絶えない鉢植えガーデンは
                西日だけが差す半日陰——28

*Garden*_3   北向きの小さな花壇で
                バラやアジサイを育てる——36

*Garden*_4   木もれ日がバラを潤す
                里山のガーデン——38

Column ❶   木もれ日をつくる雑木——46

ここでは、日陰の庭、半日陰の庭の
具体的な作例を紹介します。
落葉樹の庭、郊外と都心の住宅地の庭、
ローズガーデンの4つの庭には、
日陰を積極的に生かすアイディアがちりばめられています。

Garden_1
落葉樹と山野草でつくるナチュラルな庭

● 木ごころ

日照条件

おもに落葉樹がつくる明るい日陰、半日陰で、庭の中央が日なた。隣家との間を仕切る高い木の塀付近は暗い日陰になっている。

落葉樹から下草までデザイン

オオモミジの下は、低木のトサミズキ'スプリング・ゴールド'と白い花が咲くコガクウツギ。緑色と白のシンプルな色遣いが、清涼感を運ぶ。

斑入りやカラーリーフ、小さな花が落葉樹の足元を彩る

　訪ねた5月末は、すでに夏の暑さ。木陰に入ると、すっと暑さが和らぎます。
「日陰が心地いいでしょう。ここは、周りの里山風景になじむ、木もれ日の庭です」
と語るのは、田口裕之さん。庭づくりと、樹木や宿根草の販売をする『木ごころ』の代表・チーフデザイナーです。
　新緑のモミジやカエデ、アオダモの下は、木もれ日が差す明るい日陰。ひときわ大きなカエデの下は、トサミズキの輝くような葉色、コガクウツギの純白の小花が印象的です。緑をくぐるように園路を歩くと、ユキノシタ、ヤブラン、ホタルブクロの可憐な花にも出合えます。
「落葉樹と山野草の組み合わせは和風、そう思いがちですが、じつは、和洋にとらわれないナチュラルな庭ができます。厳しい夏の暑さをしのぐ素材としても、落葉樹に関心が高まるのでは」
　日本のカエデやヤマボウシは、ヨーロッパのガーデンでも人気素材。しかも長い夏の暑さを、その木陰が変えるといいます。
　木々がつくる日陰に、下草と打ち水をした敷石がある景色は、乾いた日なたの庭と別世界。みずみずしいコケの色、つやのあるヤツデやツワブキの葉も、目に涼やかです。

葉の色と形が異なる低木や山野草を

低木や下草には斑入りやライム色を使い、日陰に明るさを運んでいる。ハウチワカエデの足元でつぼみをつけているのは、斑入りのヤマアジサイ'九重山'。

木もれ日に咲く山野草はさわやかな白い花

木もれ日がある明るい日陰は、山や林の中と同じ環境。日光が差さない暗い日陰はシダ類、ヤツデなど種類が限られますが、木もれ日の明るさがあれば使える植物が広がります。どんな色の花が咲いてもあふれる緑が取り持って、色同士がぶつかることはありませんが、ここは季節によって花色を絞り込んだ庭。薫風を呼び込むように、新緑に白い山野花を咲かせています。

日陰の植物がつくる懐かしい風景

古いガラス戸越しに見る落葉樹の庭。カエデがつくる木陰のおかげで、ヤマアジサイ、アスチルベ、コケ類、ユーフォルビアもみずみずしい。

ユキノシタ

かなり暗い場所でも育つ、日陰の庭の強い味方。小さなスペースのグラウンドカバーにも最適。

クレマチス
モミジの下に浮かぶクレマチス。樹木が茂る暗い日陰は原種に近い種類が咲きやすい。

ホタルブクロ
うつむく可憐な風情の山野草。写真は八重咲きの園芸品種。

ミツバシモツケ
シモツケの名がつくが、北アメリカ原産。花びらも茎も細く、清楚な雰囲気の多年草。

ヤマアジサイ
セイヨウアジサイは株が大きくなりやすいが、こちらは花も葉も小ぶりで、小スペースでコレクションしやすい。

シラン
手間がかからず、毎年花が咲く。花のあとはすらりとした葉が楽しめる。

季節の恵みを
そのまま生かす

　落葉樹と山野草で描くナチュラルな庭は、シーズンごとに植え替える一年草は使っていません。とくに手を加えなくても、自然と季節の色に染まります。新芽から、たちまち新緑の落葉樹の庭になり、夏木立からやがて色づく秋の景色へ。手を入れるのは、ほとんど冬の剪定だけ。しかも、庭のムードをつくる樹木は日本庭園のように刈り込むことはなく、自然樹形を保つことが基本です。

春　落葉樹の庭は、山野草にやさしい

夏　木陰はさわやか

落葉樹が芽吹く前、春の日差しは遮られることなく、スミレやカタクリなどの山野草に降り注ぐ。

クリスマスローズは日陰の庭の優等生。一般に多年草は花期が短いが、1か月以上咲き続ける。

新緑がすがすがしい季節。株立ちのアオダモは雑木林のような野趣のある風景をつくる。

乾いた夏に、涼感を運ぶコケ。ユキノシタとともに庭の中でいちばん暗い場所にみずみずしさを運ぶ。

秋 色づく季節から、やがて落葉へ

新緑を堪能したあとは、梅雨の季節。雨に濡れた庭にヤマアジサイやセイヨウアジサイが映える。

常緑樹でもほどよい日陰をつくる柑橘類。アマナツの足元には、カレックス、イワミツバとアシズリノジギク。

↑色づき始めたイロハモミジ。
→紅葉は落葉樹の醍醐味。近年は秋が遅いが、朝晩の冷え込みが厳しくなると鮮やかに染まる。

Garden_2
花と緑が絶えない鉢植えガーデンは西日だけが差す半日陰

● 鈴木邸

西日だけでも、植物は元気

日がよく当たるように台にのせ、重ねて鉢に高さを出し、角度をつけてレイアウト。風通しのよさは夏の暑さ対策にもなる。ただし、強い日差しや乾燥に強い植物を使うこと。

西日が差すフロントガーデン

もともと鉢植えをいくつか並べていた庭を、寄せ植え中心のガーデンにデザイン。そびえるアオギリは、この庭のシンボル。

つぎつぎに咲くペチュニアで量感アップ

フロックス、ユーフォルビアなどの白い花、シルバーリーフの淡色を、イポメアの黒紫色の葉が締めている。本来は日なた向きのペチュニアで、花の量感をアップ。

日照条件
周りに隣家があるため、南側の庭は春夏に西日が入る半日陰、秋冬は明るい日陰。西側は半日陰。北側は明るい日陰。

半日陰の庭は、日差しを受け取る鉢植えのレイアウトがポイント

『Myu Garden Works』を主宰する宇田川佳子さんが手がけるのは、鉢植えが並ぶフロントガーデン。水色のかわいらしいドアの前には、さまざまな色や形の植物、人気品種、珍しい品種の鉢植えが出迎えます。

この庭は南向きですが、隣家があるため夏の日照は西日が数時間。いっぽう冬は、ほとんど日が差さない明るい日陰になります。そんな環境のためフロントガーデンをはじめ、アプローチ、デッキ、ウッドフェンスを飾るのは鉢植え。ほとんどが寄せ植えです。

「鉢は高さが出せるし、角度を工夫できるので日照量がアップ。風通しもよくなり、植物の勢いが違います」。明るい日陰、半日陰の植物も基本的に日照は必要なので、少ない日照を地植えより得やすい鉢植え使いがポイントです。

6月の庭は半日陰を好む'アナベル'、ギボウシ、ベゴニア、ヒューケラやさまざまなカラーリーフに加え、色鮮やかなペチュニア、ペンタスなど日なたを好む花をミックス。

「日なたの植物は、もともと花つきがよく、豊富な花色から選んで使えるものか、ワイルドフラワーに近い丈夫な種類を選ぶといいですね」

長年手がけてきた庭には、わずかな日差しを生かす工夫がたくさん詰まっています。

狭い空間は、立体的に利用

西から差す日差しを、立体的に利用。窓辺には棚をつけて草花、多肉植物やスモークツリーの鉢植えを飾り、足元は花壇にしている。

ネメシアは窓辺で咲かせる

窓辺に置いたのはネメシア。日なたでも半日陰でも咲き、切り戻せば早春から晩秋まで咲き続ける。光に向かって細い茎を伸ばすナチュラル感が持ち味。

花つきのいい日なたの種類を選ぶ

本来、ペチュニアは日なたを好む丈夫な植物。日陰に植えると徒長しやすく、花数が減りがちとはいえ十分に楽しめる。八重咲きのペチュニア'花衣'は黒紫と黄色の複色。

日差しがある空間は壁際、窓辺もフル活用

　フロントガーデンからデッキやウォールガーデンまで、日差しは1日数時間の半日陰。見た目のよさだけで鉢植えを飾っては、この貴重な日差しを利用できません。レイアウトするのは、日差しをしっかり受け止められる場所。鉢はより高い位置に飾ると遮るものが減り、日照量が増えます。ウォールガーデンには枝を大きく伸ばしたつるバラも咲いています。

壁際の乾燥しやすい花壇は、丈夫な種類を

雨が当たらず、壁が水分を吸収してしまう壁際の花壇なので、乾燥に強いペンタス、ワイルドフラワーに近いセキショウなど、とくに丈夫なものを植栽。

11月のペンタス。本来は日なたを好むが、この環境に合って生長。真夏も途切れず初夏から秋まで開花。

光が当たる場所へ高さを調整

光を求め、枝を伸ばすつるバラは、高いウォールガーデンに誘引。移動できる鉢植えや植えマスを使い、季節で位置が変わる日差しをキャッチする。

強い夏の西日を緩和するアオギリ

1日に数時間しか差さない大事な日差しだが、夏の西日は植物にとって厳しいもの。そんな環境を都合よくアオギリの木陰が和らげている。

使える種類を広げる
白壁のやわらかな反射光

　直接当たる日差しに加え、大切にしたいのが間接光。壁に反射した明るい光が、植物の生長を助けます。とくに白っぽい色は光をよく反射。家の壁やフェンスの反射光を利用できれば、実際以上の明るさが得られます。反射光を含めた明るさがあると、寄せ植えする植物の組み合わせが広がり、日差しがほとんど入らない明るい日陰でもバラが咲きます。

間接光でペチュニアも咲く

半日陰でも白壁の反射光があれば、日なたが好きなペチュニアも十分に寄せ植えできる。ほかには半日陰で育つリシマキア、ユーフォルビア、ヒューケラなど。

午前中の日差しで、ハーブを育てる

唯一午前中に日が当たる半日陰の花壇は、ハーブを植栽。白い壁の反射光を利用し、風通しと水はけのいい環境に改良。ディル、バジルなどが育つ。

ほとんど日差しがない庭に咲くバラ

家の北側で、周囲が開けた明るい日陰に咲くバラは‘マダム・アルフレッド・キャリエール’、‘ラ・レーヌ・ヴィクトリア’。足元にはギボウシなどを植栽。

日差しを和らげるアオギリの足元に咲くバラやアナベル

西日が差す半日陰で、バラを咲かせる

つるバラの'ウィリアム・ロブ'は枝を大きく伸ばして日差しを受け、西日だけで十分に開花。足元はジギタリス、チョウジソウなど半日陰向きの宿根草。

　西側の庭も隣家があるため、西日が入るのは数時間です。明るい日陰から一気に強い西日が差す厳しい環境ですが、春は華やかなつるバラが、初夏はアナベルがさわやかさを運びます。日照のマイナス面を補うのは、白壁からの間接光、風通しのよさ、有機質たっぷりの土壌。日照以外の環境を整えることがポイントです。強い西日で乾燥し、葉焼けを起こす場合は、チップや腐葉土を使ったマルチングが有効。

半日陰を好むアナベルが大株に生長

緑色から満開になると白に変わるアナベルは、日差しがない時間帯も庭を明るくする色彩。病虫害が少なく手間がかからず、冬の剪定だけで毎年よく咲く優等生。

しっとり、ナチュラルなムード

秋を印象づけるのはコリウス、マリーゴールド'ストロベリーブロンド'、チョコレートコスモスの茶色。大株になったイポメアも落ち着いたムード。

シンボルツリーのアオギリが紅葉し始めて、庭は秋のたたずまい。

日差しがない秋冬の庭をカラーリーフで飾る

　庭の日差しは季節で変化します。初夏は西日が入る半日陰だったフロントガーデンが、秋は一日中日が差さない日陰に。それでも空からの間接光、家壁の反射光がある明るい日陰は秋の装い。茶や紫色のシックなカラーリーフ、風になびくチョコレートコスモスが秋の空気を運びます。夏はわずかに日射があった北側の庭も、太陽が低くなる秋は一日中明るい日陰。それでもバラの実は色づき、草紅葉や紅葉が始まり、季節を伝えます。

高さと風通しを調節する

よく茂った寄せ植えを並べると、陰になったり、通気も悪くなったりしがち。ガーデンテーブルにのせ、鉢を重ね、段差をつけながら、高さを出している。

上・チョウジソウが黄葉し、ペルシカリアが小さな花をつけている。左・つやのある細い実は、八重咲きのバラ'アルバ・セミプレナ'。右・つるバラ'ポールズ・ヒマラヤン・ムスク'の丸いローズヒップ。

北側の日照も季節で変化

奥行き30cmの花壇と壁面を利用した北側の庭。日が高い6月は日差しが多少入ったが、秋冬になると一切日は差さない。秋が深まるとヘンリーヅタが紅葉する。

Garden_3
北向きの小さな花壇でバラやアジサイを育てる ●山本邸

日照条件
家は角地に建ち、北向きの花壇は空や道路からの間接光が得られる明るい日陰。西側の花壇は西日が差す半日陰。

半日陰には淡いピンクのバラ
バラはイングリッシュローズの'クイーン・オブ・スウェーデン'。品種にもよるが、イギリス生まれのバラは、半日陰でも咲く品種が多い。

一季咲きのつるバラは狭い花壇向き
つるバラは光を求めて枝を伸ばすので、この北向きの花壇でも育つ。1年に1回だけ咲く一季咲きで、花つきのいい房咲きはこの環境によく合っている。

宇田川さんが手がけるもうひとつの庭は、都心の住宅。奥行き約30cmのかさ増し花壇に、小さなヒナソウから、ビオラ、ギボウシ、バラや'アナベル'などを豊かに植栽。玄関周りの北側は明るい日陰、西側は日照が数時間の半日陰ですが、道路脇という風通しのよい環境が植物に好影響しています。ただし、夏場は排気する自動車の熱風のため、花壇はとても乾燥。建物の壁や基礎も花壇の水分を吸収します。日陰の花壇はとかく湿気が多いと思いがちですが、週2回は水やりをして、みずみずしさを保っています。

恵まれない環境下では根張りが大切

日陰でも春咲きの苗は1月までに植えると根がよく張る。遅れて植えると葉ばかりで根が貧弱になり、頻繁に水やりが必要。小さな多年草はヒナソウ。

半日陰はパンジーよりビオラ

花色豊富で冬から初夏まで花期が長く、半日陰の庭でも使い勝手がいいビオラ。よく似た仲間でも、パンジーは日なた向き。

乾燥しやすい壁際は水やりが大切

ビルの谷間の植え込みで、クリスマスローズは見ても、乾燥に弱いギボウシは見かけない。とくに春の生長期はまめな水やりが必要。

Garden_4
木もれ日がバラを潤す里山のガーデン
●グリーンローズガーデン

適度な樹木の剪定がローズガーデンをつくる

　足元に咲く早春の花が一段落すると、ガーデンは新緑に包まれ、いよいよバラの季節。
「バラは、本来日差しが好きなので、樹木が茂りすぎたら枝を間引き、日差しを調節しています」と、語るのは斉藤よし江さん。春と秋にこの庭を公開するガーデナーです。

　もともとあった木々に好きな樹木を加え、ほどよく剪定しながら、バラが開花しやすい環境を整えています。1日のうち数時間は日差しが入り、木もれ日も差す環境をつくることで、ここまでバラを咲かせています。

　とはいえ、四季咲き性の大輪バラ、ハイブリッドティーが持ち味を発揮できるのは、日なたで十分に日差しを浴びてこそ。つまり、日陰の条件に合うタイプを選ぶことが、ここでバラを咲かせるポイントです。緑が深い場所には、原種のノイバラやハマナスとその系統を。オールドローズ、明るさを求めて枝を長く伸ばすつるバラも、半日陰の環境に適応しやすいバラです。

　このやさしい日差しなら、バラが日差しでダメージを受けることはありません。むしろ周囲の植物から潤いを受け取り、しっとり、美しく咲きます。

> **日照条件**
> 樹木が囲むガーデンは、ほぼ中央が日なた。周りは1日のうち数時間、日が差す半日陰で、日差しがない時間帯も木もれ日が差す。

木陰のつるバラとジギタリス

落葉樹が囲む半日陰のガーデン。ジギタリス、アグロステンマは半日陰でも咲くため、つるバラの'群星（ぐんせい）'との組み合わせは、この場所の定番。

環境に合う種類を選べば
バラは半日陰の庭にも咲く

　バラは多種多彩な系統、品種があるので、半日陰で咲くバラは少なくありません。とくに緑陰が濃い場所で活躍するのは、もともと日本に自生するノイバラやハマナスと、その系統の園芸品種、小輪をたくさんつける房咲きなど。派手さはありませんが、花つきがよく、病気に強くて丈夫なバラたちです。

花つきのいい小輪房咲き

'フェリシア'

房状にたくさんの八重咲きの小輪をつける。とても丈夫で、春から秋まで咲き続ける。

ハマナスの系統

'ピンク・グルーテンドルスト'

カーネーションのように切れ込む花びらが個性的。とても丈夫で返り咲く。

ロサ・ルゴサ・プレナ

半八重咲きのハマナス。秋までぽつぽつと咲き、大きな実をつけて、熟すのが早い。

'バレリーナ'

一重咲きの小輪をちりばめる。花つき、実つきがよく、育てやすい。返り咲きし、ローズヒップも楽しめる。

ノイバラの系統

'千咲'
ノイバラの園芸品種で、秋にも返り咲く。白い一重咲きは可憐な雰囲気を漂わせる。花はノイバラよりもやや大きめ。

'アンヌ・マリー・ド・モントラベル'
ころっとした純白の小輪が愛らしい。房咲きで花がたくさんつき、秋の終わりまで咲く。

'イヴォンヌ・ラビエ'
白いカップ咲きで房状に咲く。濃緑色の大きな葉も特徴。春から晩秋まで繰り返し咲く。

'マルゴズ・シスター'
花色は明るいピンク。樹高約60cmなのでガーデンの前面に植えると華やかさが引き立つ。

大きく枝を伸ばして明るさを得るつるバラ

目線の高さで日陰と判断しても、その上は案外、明るさが得られたりするもの。家の2階の高さ以上に伸びたり、アーチになったりするつるバラは、明るさや日差しを求め、大きく枝を伸ばして花を咲かせます。しかも多くの種類が足元から60cm以上の高さで開花。つまり、つるバラは株元付近が日陰でも花が楽しめるわけです。

半日陰にしっとり咲く
日なたでは多数の花をつけて、華やかに咲く'紫玉（しぎょく）'。半日陰では数を減らしながらもしっとり咲く。白バラは'つるアイスバーグ'。

花つきがいい'フィリス・バイド'

スギの下は数時間だけ日が差す半日陰。そんな環境でも'フィリス・バイド'は花つきがいい。クリーム色〜サーモンピンクに色変わりする。

大樹の下は、花もちと色がいい

ナシの大樹の下で咲くのは、遅咲きの'ドロシー・パーキンス'。日差しが強い6月に開花するため、半日陰が最適。きれいな色に咲き、花もちもいい。

クレマチスもつる性

バラと同じ時期にも咲き、よきパートナーのクレマチス。同じく光を求めて茎を伸ばし、半日陰でも咲くため、多種多彩な品種を植えている。

ベル形の花が下を向いて咲く、かわいらしい'踊場'。

花びらの白と、中心の紫色の取り合わせがおしゃれな'パルセット'。

初夏の多年草の美しさこそ
半日陰の庭の喜び

　初夏の花の美しさは言うまでもありませんが、下草もまぶしい季節。花が咲く秋に向かって葉を茂らせるカラマグロスティス・ブラキトリカ、ユーパトリウム、ギボウシ、春に花を咲き終えたチョウジソウ、アマドコロまで、これほどつややかなのは、周りの樹木が木陰をつくるから。初夏の強い日差しから守られた緑は乾燥が抑えられ、植物同士がお互いを潤し、美しい葉色を長く保つのです。そんな緑の中で出合う白い花はまた、格別です。

日陰の庭に浮かぶアスチルベ

イギリスのガーデンにも、日本の日陰の庭にも欠かせないアイテム。濃い緑の庭に、ふわりとした花がやわらかさを与える。円錐形の花穂も印象的。

低木のバイカウツギ

新緑に映える白い小さな花は、清楚な香りがある。日本にも自生する落葉低木で、半日陰でもよく花が咲き、丈夫で扱いやすい。

小道を覆うように茂る多年草

気持ちのいいラインを描く緑はグラスのカラマグロスティスブラキトリカ。サクラの足元で小さな張りのある葉を茂らせるのはチョウジソウ、斑入りのアマドコロなど。多様な緑が美しい。

Column ①

木もれ日をつくる雑木

　日当たりはいいけれど、なにか味気ない、夏は日差しが強すぎる。そんな庭を表情豊かな木もれ日の庭にするのが雑木。

　落葉樹はほどよい木もれ日をつくり、足元には日陰を好む植物が育ちます。

　まっすぐ上に伸びる落葉樹のイヌシデ、アオダモ、ヒメシャラ、ナツツバキ、斜めに伸びるイロハモミジやハウチワカエデは、限られたスペースにも使えます。また、根元から幹が分かれる株立ちは、雑木林のような趣が味わえて、限られたスペースでも圧迫感がありません。

　もし、秋の落葉が気になるなら、一気に落葉しない常緑樹を使います。オリーブ、ソヨゴ、シマトネリコ、常緑ヤマボウシなどは葉が小さいので、落葉樹に近い木もれ日をつくります。

　最近人気のミモザやユーカリは生長が早いので枝がやわらかく、強風で折れたり、根こそぎ倒れたりすることがあるので注意が必要です。また、暑さに強く、病害虫の影響を受けにくいことも選択のポイント。最近のビルやマンションの植え込みが、いい参考になるでしょう。

落葉樹

丈夫で街路樹やビルの植え込みなどで活躍

アオダモ

幹に白い斑模様が入り、すらりと伸びて涼しげ。春はやわらかな白い花をつける。赤茶色に紅葉する。

ヤマモミジ'鴫立沢（シギタツサワ）'

葉脈が浮き出る独特な模様の葉。春から初夏は淡く、夏は濃い緑、秋は橙色〜赤に紅葉する。

イヌシデ
樹形はケヤキに似るが、それほど大きくならない。細い枝は小スペースで雑木林の野趣を演出できる。

ハウチワカエデ
モミジの仲間のなかでは葉が大きく、天狗のうちわに見立てた名前。秋は赤、橙、黄色とさまざまに色づく。

ベニバスモモ
緑の樹木の間で映える赤紫色のカラーリーフ。春に白い花が咲き、初夏には実る。やや生長が早い。

常緑樹
一気に落葉しないので、落ち葉が気にならない

ソヨゴ

小さな葉はつやのある常緑で、秋から冬は小さな赤い実をつける。枝が横に広がらず、扱いやすい。

オリーブ
細い葉もシルバーグリーンの葉色も軽やか。樹勢が強く、乾燥にも強いので育てやすい。果実も実る。

シマトネリコ
つやのある小さな葉が規則的に並び、さわやかな印象。きれいな株立ちになるが、大きく生長するので、場所を選んで植えるとよい。

ほかにもゲッケイジュ、常緑ヤマボウシ、オガタマ、トキワマンサクなどの常緑樹は、落葉樹に近い木陰をつくる。

第3章

日陰、半日陰を豊かにする植物

暗い日陰に適した植物——50

明るい日陰に適した植物——52

半日陰に適した植物——54

豊かな葉色が活躍——56

形や質感で選ぶ——58

フォーカルポイントをつくる——60

落葉樹の下は山野草のゆりかご——62

Column ❷　半日陰、明るい日陰にも使える日なたの植物——64

日陰や半日陰を好む植物の多くは、
山や林の中で見る低木や山野草。
日なたの植物の華やかさはなくても、日陰の植物を組み合わせると、
奥行きや陰影が生まれます。
なかには花いっぱいの明るい庭にする植物もあります。

暗い日陰に適した植物

高い塀や建物に囲まれて、日が差さず、間接光も入らない環境に合うのはヤツデ、アオキなどの常緑樹や、クサソテツ、ベニシダ、ハランなどの多年草。季節にはシャガやヤブランの花が咲きます。

個性的な葉の形や色、質感を生かす

　このように隣家との境にある高い塀付近、家と家に挟まれた狭い場所は、日が差さず、暗い日陰になりがち。しかも黒っぽい塀では間接光も望めず、ヤマアジサイの花つきがよくありません。そんな暗い日陰なので、色も形も軽やかなクジャクシダ、赤みが差すベニシダなどの個性的な草姿で植栽に変化をつけています。日差しをよく観察し、わずかに日が差す場所があれば、白花のシランなどさわやかな山野草も加えられます。

常緑樹がつくる暗い日陰には

夏は太陽が高く、暗い日陰になる常緑樹の林床は、めぼしい植物は育ちません。ところが冬から春は日が低く、下枝を落としたスギ林は奥の方まで日が差すため、クリスマスローズやスイセンの花が楽しめます。雨露がかからず乾燥気味なので、ときどき水やりをします。

❶ クリスマスローズ
❷ スイセン'テータ・テート'

❸ ヤマアジサイ
❹ クジャクシダ
❺ ベニシダ
❻ ヤマアジサイ
❼ シロバナシラン

この環境に合う その他の植物

- マンリョウ
- ヤブコウジ
- シュウカイドウ
- クサソテツ
- ハラン
- キチジョウソウ
- ジャノヒゲ
- フッキソウ
- ユキノシタ
- ツルニチニチソウ　など

明るい日陰に適した植物

ギボウシ、アスチルベ、クリスマスローズは、
木もれ日や間接光による明るさで育ち、直射日光がむしろ苦手な植物。
この環境ならば、斑入りやライムグリーンの葉色が鮮やかになります。

ライムグリーンと白い小花で明かりを灯す

　カエデなどの高木の落葉樹の下です。低木のトサミズキは、本来、日なたや半日陰を好みますが、この'スプリング・ゴールド'は、直射日光が差さない明るい日陰が最適。蛍光色のようなライムグリーンの葉を輝かせ、隣のコガクウツギの花の白さを際立てています。イワミツバは斑入りを使っているので、株元まで軽快。白と緑のシンプルな色なので、ヤブラン'ギガンチア'を加え、長いラインの葉で変化をつけています。

❶ トサミズキ'スプリング・ゴールド'
❷ コガクウツギ'花笠'
❸ クリスマスローズ
❹ ヤブラン'ギガンチア'
❺ イワミツバ

この環境に合うその他の植物

- ヤマブキ
- カシワバアジサイ
- ヤマアジサイ
- シラン
- キョウガノコ
- アスチルベ
- タイワンホトトギス
- ガーデンシクラメン
- アジュガ
- ラミウム　など

樹木の株元も、見どころのひとつ

アマナツの実が黄色く色づくころ、アシズリノジギクが足元に可憐な花を咲かせます。アマナツは茂りすぎない常緑樹なので、株元はほぼ一日中明るい日陰。その環境がよく合って、イワミツバの斑入り模様は鮮やかに、リグラリアはつややか。中央にはカレックスのラインの葉を合わせ、小さな空間に植物があふれています。

❻ ユーフォルビア'フェンス・ルビー'
❼ アシズリノジギク
❽ リグラリア
❾ カレックス
❿ アマナツ
⓫ イワミツバ

半日陰に適した植物

1日のうち数時間だけ日が差せば、元気に育つのが半日陰を好む植物。
ある程度耐陰性がある日なたの植物も使うことができるので、
植栽のバラエティーがぐっと広がります。

形や質感が異なる植物で
さまざまに小道を彩る

　落葉樹が木陰をつくる小道です。半日陰を生かした植え込みはリーフプランツが中心。色と形が印象的なニューサイランはつるバラのアーチの前に植え、大きな葉のギボウシ、細かい葉のアスチルベ、ラインの葉のヤブランなどで、小道の両側を埋めています。5月の新緑をより美しく見せるのは、ムラサキミツバなどの銅葉やクリスマスローズの葉。葉の色や形、質感にもメリハリをつけ、赤いヒューケラ、薄紫色のミヤコワスレで控えめに彩りを添え、さわやかな花色のキショウブを差し色に使っています。

この環境に合うその他の植物

- アセビ
- クチナシ
- コバノズイナ
- バイカウツギ
- アナベル
- ガクアジサイ
- チョウジソウ
- シュウメイギク
- ワスレナグサ　など

① ニューサイラン
② キショウブ
③ フロックス・ピサロ'ムーディブルー'
④ ミヤコワスレ
⑤ ムラサキミツバ
⑥ ギボウシ
⑦ クリスマスローズ
⑧ アスチルベ
⑨ ヤブラン
⑩ ユキノシタ

⑪ チョウジソウ
⑫ オルヤラ・グランディフローラ
⑬ バラ'スブニール・ドゥ・ドクトル・ジャメイン'
⑭ ビオラ
⑮ アルケミラ・モリス
⑯ クリスマスローズ
⑰ ティアレラ
⑱ ジギタリス'アプリコット'

グリーンの種類は豊かに、花色は控えめに

隣家の建物で半日陰になる奥行き1mの花壇。手前中央にはアルケミラ・モリス、クリスマスローズを、奥には草丈のあるバラやジギタリス、こんもり茂るチョウジソウなど、半日陰向きの多年草を植栽。草丈に変化をつけた奥行き感のある花壇です。ビオラ、オルラヤ・グランディフローラなど、やや耐陰性のある一年草も加えたみずみずしい5月の植栽。黒っぽいシックな色を使い、花色は控えめです。

豊かな葉色が活躍

季節になると出回る花苗は多くが日なた向き。そこで生かしたいのがカラーリーフや斑入りの葉のバリエーションです。花苗の開花期間は短くても、カラーリーフは葉の寿命が尽きるまで、つまり落葉植物ならば春から秋まで、常緑ならば冬の間も葉色が活躍します。

明るい葉色、斑入りやライム色は、暗い空間を明るくし、低木を1本植えればスポットライトを当てたような効果に。グラウンドカバーに使えば足元を明るくすることができます。ただし、あまり暗い場所に植えると、葉色が悪くなったり、斑が消えて元の緑の色に戻ったりすることも。反対に日に当たりすぎると、ライム色や白っぽい葉色、斑入りは葉焼けしやすいので注意が必要です。

ライムグリーン

蛍光色のような黄緑色もあり、常緑低木の濃い緑に合わせるとメリハリが生まれる。

トサミズキ'スプリング・ゴールド'
新芽は黄金葉で、しだいに色変わりする。

ヒペリカム'ゴールド・フォーム'
珍しいライムグリーンの品種。ヒペリカムは秋になると紅葉する品種もある。

銅葉

赤紫や赤黒い葉色は落ち着いた雰囲気をつくり、周りの緑の葉色を鮮やかに見せる効果がある。

ムラサキミツバ
こぼれ種で増え、黒っぽい葉がしっとりとした雰囲気を運ぶ。狭い場所にも使いやすい。

ユーパトリウム'チョコラータ'
葉のつけ根が黒っぽく、明るい色の引き立て役になる。秋には白い花が咲く。

斑入り

大きな筋模様が入る大胆な斑から、細かい斑までさまざま。暗すぎる場所で育てると色がぼやけることがある。

ギボウシ
筆で描いたように斑が入り、すがすがしい。濃い緑色の中でアクセントになる。

プルモナリア'サムライ'
個性的な銀白色の斑入り。直射日光は葉焼けしやすい。

イワミツバ
小ぶりの葉は周りの植物の引き立て役。樹木の株元にも最適で、陰の空間を視線が注がれる場所にする。

その他

赤や黄色、模様のあるものなど、華やかなものをアクセントに。色を絞って使うとまとまりやすい。

コリウス
上・葉色が豊富で、複雑な模様の葉もある。黄色い葉色は深まる秋の庭を印象づけるのに効果的。葉のつけ根に赤みが差すので、赤紫色のホトトギスの花色ともマッチする。
下・色鮮やかな赤。広い空間であれば1種類をまとめて使うと効果的。シソ科らしい穂状の花も楽しめる。

ヒューケラ
グラデーションが印象的。ライム色、銅色、茶色など多彩な品種がある。

形や質感で選ぶ

　つるバラの庭に欠かせないジギタリス。つるバラにはない直線的な草姿を、庭に取り込みます。隣り合う植物に異なるタイプを選ぶと、お互いの個性が引き出され、空間に変化や奥行きが描けます。素材選びは、葉や花の大きさや形、質感もポイント。丸い葉の隣にはラインの葉を使ったり、つやのある葉とマットな質感の葉を合わせたり。草丈や草姿の違いも工夫すると、緑色のリーフプランツだけで変化に富んだボーダーガーデンになります。

大型のジギタリスとつるバラ

半日陰でも華やかに咲くジギタリスと、可憐なつるバラの'群星'。ボリュームのある花穂の縦の強いラインと、縦横に伸びるつるバラのしなやかなラインのコントラストが印象的。

やさしいラインとインパクトの強い葉

プレクトランサス、ユーフォルビア'ダイアモンド・フロスト'、ティアレラ、チョコレートコスモスはどれもしなやかな草姿。対照的に鋭角的で黒っぽいイポメアを合わせて、お互いの特徴を強調。

リーフプランツの小道

春にはチョウジソウ、アマドコロが咲いた小道。花が終わると、連なるのはこんもり茂る細い葉、連なる卵形の葉、軽やかなラインの葉など。すがすがしいリーフプランツが続く。

暗い日陰をシダで華やかに

ヤマアジサイは花つきがよくないが、細かく切れ込んだベニシダの繊細な葉、クジャクシダのふわりとしたテクスチャー（質感）が浮かび上がるのは、暗い空間だからこそ。

葉が遊んでいるように

左から、赤い花が咲くヒューケラの下に隠れるのはムラサキミツバとラインのヤブラン。隣は小さな葉を垂らすワイヤープランツとビオラ。シダやジャノヒゲの鉢も並べ、多様な葉を楽しむ。

フォーカルポイントをつくる

　日陰、半日陰の植物のことがわかってきたら、次はフォーカルポイント（見せ場）になる植物を選びましょう。季節の美しい花は言うまでもなく最適ですが、丈夫でいつも美しい植物を選ぶのも一手。葉が魅力的な多年草や低木を選べば、季節をまたいでフォーカルポイントになります。フォーカルポイントが決まれば、それを引き立てる植物やよくなじむ植物をひとつひとつ選んでいくと、自然と庭のデザインができあがります。

強いラインの赤い葉を浮かべる

常緑樹の株元は、ニシキシダ、オシダ、ギボウシなど個性的なリーフプランツのコーナー。やわらかな大きな葉、曲線を描く葉などが重なり合う空間に、コルジリネが張りのある鋭いラインを描く。

みずみずしくエレガントなギボウシ

波打ちながら重なり合う大きな葉は、花以上に印象的。大きな庭は大株に育ててフォーカルポイントに。小さなスペースには小花をちりばめても、やわらかでみずみずしい葉が映える。

コーディネートで印象的に

大きなクサソテツと白いインパチェンスに、紅葉を合わせたフォーカルポイント。インパチェンスは秋もなおみずみずしく、紅葉が季節の移ろいを感じさせる。

深い緑にふわりと浮かぶ花穂

ふわりとしたやわらかな花穂のアスチルベ。やや暗い場所、かたい質感の葉の近くに植えると、特徴が生きる。数本では弱いので、まとめて株を植えて強調するとフォーカルポイントになる。

季節の花や葉が美しい低木

左・手間がかからず、秋になると美しい花が咲くシュウメイギク。春のエビネ、夏のアガパンサスやホタルブクロ、秋はタイワンホトトギス、ツワブキなどもローメンテナンスできれいに咲く。右・低木のカシワバアジサイ'リトル・ハニー'は、花がない時期もライムグリーンの葉色と形が目を引く。斑入りのヤマアジサイなどの低木も長期間観賞価値が高い。

シュウメイギク

カシワバアジサイ
'リトル・ハニー'

落葉樹の下は山野草のゆりかご

　日照環境は季節によって変化します。とくに木もれ日が差す落葉樹の庭は、落葉すると日差しを遮るものがありません。冬から芽吹きの春までよく日が差す落葉樹の林の中と同様、春の山野草をはじめ、チューリップやクリスマスローズなどにも最適な場所です。山野草は、花が終わると夏には地上部がなくなるニリンソウやカタクリのようなタイプもありますが、イカリソウのように秋に紅葉するものも。クリスマスローズのような常緑多年草は花後も庭の彩りのひとつになります。

長く楽しめるクリスマスローズ

品種が豊富で花期が長く、1～4月まで花が楽しめる。ビルの谷間の植え込みなど、乾いた明るい日陰にも使われるが、落葉樹の下が最適。

春を豊かにする小さな花

❶**シラユキゲシ**　山野草のように可憐。ハート形の葉は晩秋まで茂る。
❷**スミレ**　群生すると葉はグラウンドカバーにもなる。
❸**イカリソウ**　独特の形の花。秋は紅葉が楽しめる。手前の葉はユキノシタ。
❹**ニリンソウ**　楚々とした白い花。春先に咲き、夏には地上から姿を消す「スプリング・エフェメラル（春の妖精）」といわれるもののひとつ。

チューリップも潤う

芽吹いたばかりのバラの足元に咲くのは、チューリップ'イエロースプリンググリーン'やクリスマスローズ。小道に沿って紫色の小花を咲かせるのはスミレ。

Column ② 半日陰、明るい日陰にも使える日なたの植物

　花壇やコンテナ用として出回る植物の多くは日なた向きですが、半日陰や明るい日陰に使えるものはかなりあるので、華やかさや季節感を加えたいときに重宝します。ただし、従来よりも花数が少なくなりやすいので、花つきがよく、丈夫なタイプ、なるべく原種に近いタイプを選ぶことがコツ。また、鉢植えならば場合によっては移動したり、高さを変えたりしながら、日照と植物の状態をよく観察して育てましょう。

　たとえば初冬から晩春まで咲くビオラは、花色が豊富でカラーコーディネートに便利。よく似ているパンジーよりも耐陰性があります。夏から秋まで絶え間なく咲くペンタスも丈夫で半日陰に使えます。ペチュニアは半日陰でもできるだけ長い時間日が当たる場所を選ぶといいでしょう。花色が少なくなる夏から秋にかけて活躍するコリウスも、半日陰や明るい日陰のほうがきれいな葉色になります。色や形、大きさのバリエーションがいちだんとアップしたハボタンは冬の日陰に欠かせません。

　他にも春はワスレナグサ、オルラヤ、夏から秋はトレニアやマリーゴールド、ノゲイトウなども重宝。日なたで夏越しが難しいデルフィニウム、チョコレートコスモスも半日陰の庭におすすめです。

秋の色を印象づける

本来、日なた向きの植物は花色が豊か。ここでは茶系のマリーゴールド'ストロベリーブロンド'やチョコレートコスモスを加えることで、全体を秋らしい印象に仕上げている。

晩秋から春まで大活躍するビオラ

花期が長く、花色も多彩。日なたから、明るい日陰や半日陰まで、庭の色彩に欠かせないビオラ。

ペチュニア

日なたよりも花数は減るが、花色が揃うので、夏の半日陰の庭に色を添えたいときに重宝する。

ノゲイトウ

花穂が小さなケイトウはとくに環境に適応しやすい。独特な花形、光沢のある花色が特徴。

ペンタス

初夏から初冬まで花期が長い。半日陰でも株を大きくするので株間を空けて植栽する。

第4章

きれいな庭を つくるために

日陰の庭づくりの基本——68

樹木のメンテナンス——74

Column ❸ 日陰をつくる樹木の手入れ——75

次の季節へ続く風景——76

Column ❹ エクステリアで日陰づくり——80

日陰の環境だから必要な土づくりや水やりのこと、
植えつけ、樹木の剪定方法など、
ここでは日陰の庭を実際につくるためのノウハウを紹介します。
また、季節ごとの美しさを見せる日陰の庭を定点観測し、
移ろう景色を追ってみました。

日陰の庭づくりの基本

日陰の植物が喜ぶ土づくり

　どんな植物も土づくりは大切ですが、もともと日陰の植物が自生する森や林の土は、落ち葉が堆積し、有機質をたっぷり含んでいます。つまり、日陰の植物を育てるためには、有機質に富んだ土づくりが必要です。植物を庭に植え込む前に、庭土に腐葉土をすきこんで土壌改良をしましょう。腐葉土のほかバーク（樹皮）堆肥、馬糞堆肥や牛糞堆肥など動物性の堆肥を使っても土壌改良できます。

　有機質に富んだ土は、排水性がよく、適度に湿度を保ち、空気を含んでふかふかです。腐葉土や堆肥を全体の約3割、通気性や排水性を高める炭粒も約1割すきこんで土をつくります。鉢植えは、赤玉土に混ぜて使います。

　雨のあとに乾きが遅い土、いつも湿っている土は、さらに砂を2割ぐらい加え、土を高く盛って排水性を高めます。また、乾き気味の土は、赤玉土と黒土を合わせたものを全体の2割ほど加え、保湿性を高めます。

とても暗い環境で、土壌改良だけでは土づくりが不足な場合は、ミネラル補給、pH調整、水質浄化などを助ける改良材を使うとよい。

材　料

腐葉土
落ち葉や小枝を堆積し、完全に発酵させたもの。有機質に富み、堆肥よりは養分は少ないが、堆肥代わりにもなる。

炭粒
通気性、排水性がよく、空気や水分を土に浸透しやすくする。微細な穴がたくさんあいた多孔質で、微生物のすみかとなる。

馬糞堆肥
植物性の腐葉土以外にも動物性の馬糞堆肥や牛糞堆肥を使ってもよい。

土づくり

❶土壌改良したい場所を掘り返し、土をやわらかくする。
❷①の土に、腐葉土などを約3割、炭粒を約1割加える。
❸全体をよく混ぜ合わせる。
❹まんべんなく混ざったら土づくりが完成。

多年草の植えつけ

土づくりができたら、苗を植えつけます。小さな株でも大きく生長するので、株間は十分にとります。また、生長後の草丈も考慮して配置します。

❶植え込みたい場所に、苗を配置してみる。
❷株の2～3倍の穴を掘り、古い根や石などを取り除く。
❸ポットから苗を取り出し、根鉢を少し崩す。ダイコンのような直根の場合は崩さない。
❹移植ごて約3杯分の堆肥(腐葉土)を入れる。
❺苗を植え込む。
❻根が土に活着するように手で苗を押さえて落ち着かせ、最後に水やりをする。

多年草のコーディネート

日陰は色の濃い緑ばかりと考えがちですが、斑入りやカラーリーフを取り入れると明るくなります。ただし、シルバーグリーンの植物の多くは日陰に不向きです。花色は好みですが、一般的に暗い庭には明るいトーンの植物が映えて、やさしい雰囲気を演出できます。

写真は、クリスマスローズの冬の花壇に、季節を追って開花する花苗を植栽しました。手前から春に咲くビオラとキンセンカの一年草の開花苗、5月に咲くジギタリス、夏に開花するエリンジウム。一年中葉がきれいな斑入りのツワブキとミスカンサスの多年草を加えています。

本格的な寒さが来る前に春用の苗を植え込んでおくと、根張りがいい充実した株に育つ。

注意すべき日陰の水やり

水は株元にしっかり与える。

水は株元に与えます。葉にかかると株元が乾いたままの場合があるので注意します。また、四方を囲まれ、風通しが悪い日陰は、建物や塀のコンクリートが水分を吸収するため乾いています。家壁周りの花壇も同様に乾きやすい場所。また、雨が当たらない日陰も、日ごろから土が乾き気味。空中と土の中の湿度は違うので、土を少し掘って確かめるといいでしょう。ベランダは空気が乾燥するので、鉢植えには葉水も与えます。

多年草の施肥

腐葉土や堆肥を植えつけ時にたっぷり使い、それ以外の肥料は控えめにします。花をたくさん咲かせたい場合は、花芽がつく前や、花が咲き終わったときに緩効性肥料などを与えるといいでしょう。肥料によって苗の周りに置くか、埋め込んで使います。

緩やかな効果がある肥料を、株元に置く。

マルチングの活用

暑さや乾燥対策、寒さよけにもなる。

日陰を好む植物は、葉焼けに注意します。葉焼けとは組織が壊れて枯れてしまうこと。葉が白っぽくなったり、茶色くなったりします。原因は夏の暑さと乾燥。強い西日が当たっても起こります。その葉焼けを防ぐのがマルチング。腐葉土やバーク堆肥を2〜3cmの厚さに敷き詰めます。また、冬は寒さよけにもなります。

花がら切りと、切り戻し

草花は一度ピークを迎えると、あとは衰えるばかり。そう思いがちですが、切り戻しによって開花期間を延ばしたり、再生させたりすることができます。セイヨウオダマキは咲き終わった花を順に1輪ずつ摘み取り、フロックスは花より下のわき芽がついた上でカット。ワスレナグサは咲き進むと徒長して形が乱れ、種もつくので、茎を株元近くで切って再生させます。

フロックスはわき芽の上でカット。

セイヨウオダマキは咲き終わったら1輪ずつカット。

ワスレナグサは株元近くを切って再生。

多年草の剪定

剪定の時期や方法はその植物によって異なりますが、一般に秋に地上部が枯れる多年草は、枯れたころに地際で剪定します。常緑の多年草の多くは葉が茂って混み合ってきたら、そのつど剪定します。クリスマスローズのように、10月ごろに葉切りするとよいものもあります。

ミスカンサスの場合
常緑で一年中変化がないように見えても、葉が密集しすぎていることが多い。
気づいたら、そのつど剪定する。

❶よく見ると枯れ葉が多く、花がらも残っている。
❷枯れ葉を取り除き、茂りすぎた葉は株元で間引くようにカットする。
❸間引かず、いっぺんにカットする方法もあるが、剪定の跡がめだつ。
❹間引いて剪定すると、自然な仕上がり。

宿根イベリスの場合

宿根のイベリスは
夏の暑さを嫌うため、
まずは春に花が咲き終わったあと、
剪定して日陰で管理。
その後も茂りすぎたら、
そのつど剪定する。

❶茂りすぎた枝葉、枯れた枝を剪定する。
❷枯れ枝は、新芽の上でカット。
❸枝が多ければ、間引くようにカットする。
❹手間はかかっても丁寧に手入れをすると、自然な印象。

多年草の株分け

　鉢植えの株が密集したとき、大きくなって周りの植物に近づきすぎた場合にも株分けをします。土から株を掘り上げ、株を切り分けてコンパクトにしてから、植え込みます。

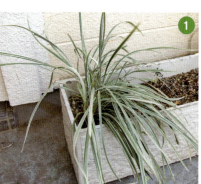

❶大きくなりすぎた株を掘り上げる。
❷掘り上げた株。地上のボリュームが大きければ、それだけ根も張っている。
❸移植ごての先などで大胆に株を切り分ける。
❹分けた株を植え込む。

もっと日差しがほしいときは

　日照環境に合う植物を選んでも、日差しが足らず育ちにくい場合は、環境を改善します。花壇ならレンガやブロックを置いて土を盛り、植栽部分を少し高くするだけで日照環境は変わります。排水が悪くてジメジメしている庭の場合は、同時に水はけがよくなり、風通しもよくなります。鉢植えの場合も、花台やテーブルにのせたり、鉢を重ねたり、ハンギングにすればかなり日が当たりやすくなります。また、壁に反射する間接光の利用も効果的。白っぽい壁はより光を反射します。

ハンギングで高い場所へ

明るい日陰にかけたハンギングバスケット。赤い実をつけたヤブコウジと、黄金葉のプレクトランサスをあしらって、冬でも明るい印象に。

鉢を重ねて高さを出す

鉢植えを重ね、花台にのせ、高さを出すと明るさが変わる。鉢を並べる場合は鉢植え同士が日陰をつくらないように、手前を低く、奥を高くする。

深い花壇をつくる

地面のレベルよりも約10cm花壇を高くすると、当たる光の量がかなり変わる。深くて土の量が多い花壇は根がよく張るため、植物の勢いが違う。

壁を白くする

壁を白っぽく塗り替え、壁の近くに鉢植えを移動させると、かなり明るさを得られる。壁に反射する間接光は有効。

樹木のメンテナンス

　多年草や低木、雑木などでつくるナチュラルガーデンは、樹木がもつ自然の樹形を生かしつつ、剪定するのがポイント。日本庭園のように樹木を刈り込むことはしません。若く勢いのある枝のうち、樹形を乱す枝を選び、生長を妨げないように剪定します。

　剪定時期の目安は、落葉樹の形を整える場合は12〜2月、深く剪定するなら1〜2月。常緑樹は形を整える程度なら10〜11月、深い剪定は3月。冬も落葉しない常緑樹は、寒い時期に深く剪定すると枯れ込むことがあるので注意します。

剪定すべき目安の枝

Ⓐ かんぬき枝
幹をはさんで同じ高さから左右対称に伸びる枝。

Ⓑ 徒長枝（とちょうし）
節と節の間が間延びし、飛び出すように伸びる枝。

Ⓒ 懐枝（ふところえだ）
幹の近く、懐に出る枝。日当たりや通気を妨げることがあり、弱々しい場合は剪定。

Ⓓ 立ち枝
横に広がる枝のなかで、他の枝と交差しながら直立する枝。

Ⓔ 枯れ枝
葉がない枯れ枝は病虫害や風で折れる危険がある。

Ⓕ 逆さ枝
自然な樹形に逆らって伸びた枝。

Ⓖ 胴吹き枝
幹の途中から直接伸びた枝。

Ⓗ 重なり枝
平行枝とも呼ばれ、同じような強さと方向で平行に伸びる。

Ⓘ 絡み枝
周りの枝にからみつくように交差する枝。

Ⓙ 垂れ枝
下垂する枝。

Ⓚ ひこばえ
幹の根元周辺から例外的に出る細い枝。株立ちの場合は残すこともある。

Column ③

日陰をつくる樹木の手入れ

　グリーンローズガーデンには多くの高木があります。自然樹形のままですが、どれも下枝を落としてあるので、庭を歩いて枝が気になることはありません。下枝があると濃い木陰ができますが、高い枝はやさしい木陰をつくります。

　樹木は生長の早さによって手入れの時期が異なります。エゴノキ、ベニバスモモ、ヤマボウシなどは、茂りすぎて木陰の色が濃くなると、そのつど枝を間引きます。ウラジロノキは頻繁に剪定。冬の休眠期に剪定するのは、常緑のネズミモチとユズ。ネズミモチは生長が早いので、暗い日陰をつくりがち。ユズも実を収穫したあとに必ず剪定します。ウメも威勢よく新梢が出るので、毎年切り取ります。ネグンドカエデは3年に1度は大きく枝を切ります。

　間引いた枝は花苗の支柱にしたり、編んでフェンスにしたりしましょう。自然資材は庭によくなじみます。

剪定したばかりのエゴノキ。ギボウシやクリスマスローズにほどよい木もれ日が差す。

5月の日差しを遮るウラジロノキの新緑。下枝を落としたばかり。

赤紫色の葉が庭のアクセントになるベニバスモモ。

新緑がとくに美しいネグンドカエデ。生長は旺盛。

次の季節へ続く風景

足元の彩りから見上げるバラの景色へ

1年でもっとも華やかな季節。ベンチを囲む四方の景色、頭上まで、日々変化します。

春

主役はチューリップ'レムズ・フェイバリット'、満開の小花はワスレナグサ。アジュガや点々と咲くハナダイコンも、美しいブルー系のグラデーションのひとつ。冬の間、日だまりだった落葉樹の足元が、花盛りになる。

初夏

ひと月ほどで庭は新緑に包まれ、見どころは足元から見上げる場所へ広がる。ベンチの上に傘を広げたように咲くバラは'プロスペリティ'。白バラと、新緑のトサミズキ'スプリング・ゴールド'はさわやかな色合あわせ。差し色のピンクの花はレーマニア・エラータ。

季節の移ろいとともに、新しい風景が生まれる庭、季節感や変化に富んだ日陰の庭をつくりたいものです。日陰にとらわれすぎると、常緑樹を選んでしまいがちですが、日陰を好む多年草や耐陰性のある一年草なども組み合わせて、豊かな庭をつくりましょう。ここではグリーンローズガーデンを定点観測して、季節ごとに変わる日陰、半日陰の植物や風景を紹介します。

山野草が季節を語る
エゴノキの下

エゴノキの下で、クサソテツやギボウシは少しずつ姿を変えながら、季節の花と風景を描きます。

春

やっと芽吹いたエゴノキの下。暖かな日差しを浴びるのは、チューリップやクリスマスローズ、スミレなど。まだ葉先を丸めているクサソテツ、立ち上がるショウブの葉、目覚めたばかりのやわらかなギボウシの姿も見える。

晩秋

クリスマスローズの葉を剪定すると、姿を現したのはコンギク。その紫色の可憐な花の隣では、ギボウシが黄色く色づき、ススキが花穂を垂らす。小道に降る落ち葉もこの季節の彩りのひとつ。

初夏

すでにチューリップの葉はなく、エゴノキの木もれ日の中で葉を茂らせるのは、クリスマスローズやクサソテツ、ギボウシ。たくましい緑に、キショウブが涼しげな黄色い花を添える。こんもりとしたこの緑の下で、次の季節の準備がすでに始まっている。

半日陰を好むフロックスと
ペルシカリア

初夏、新緑の木陰で目を引くのはピンクの小花。かわいらしいフロックスに、色も形も個性的なリーフプランツを組み合わせています。

初夏

ピンクの花をちりばめるのはフロックス・カロライナ'ビルベイカー'。切り戻すとまた花が楽しめる多年草。親しみやすい小花に合わせたのは、エキゾチックなペルシカリア'シルバードラゴン'など。色も形もインパクトがあるリーフプランツ。

秋

華やかだったフロックスが姿をひそめ、葉を残すだけになったころ、ペルシカリアが小さな白い花を咲かせる。やがて辺りが冬枯れると、カレックスやジャノヒゲなどの常緑の植物だけが彩る庭になる。

初夏

青々と茂るのはシュウメイギク、チョウジソウ、ギボウシ、ヤブランなど。バラのアーチをくぐる小道を隠してしまいそうな勢い。フロックス、セイヨウオダマキ、バラはピンクの花を咲かせ、ユリはつぼみを膨らませている。

夏は青々と、秋は黄葉する小道の風景

うっそうと茂る樹木、青々とした山野草の色彩から、秋の色彩へ。加えた黄色のカラーリーフが、秋の趣を深めます。

晩秋

ギボウシが黄色く色づき、落葉が始まると、野趣あふれる風景が広がる。小道を案内するように一年草のコリウス'ムーンライト'を加えて、草紅葉の色を強調。ホトトギスやコンギクは、この時期に咲く数少ない花のひとつ。

Column ④
エクステリアで日陰づくり

　ほっとするような、きれいな日陰をつくる方法がもうひとつあります。それはフェンスやパーゴラ（つる性の植物を絡ませる棚）などを使って日陰をつくる方法。自然の草木が彩る景色に構造物を加えると、庭の雰囲気も大きく変わります。

パーゴラに白モッコウバラが咲く

新築した家の庭は南向き。南側は開けていて、日陰がほとんどない庭です。そこで大きく育ったモッコウバラを生かそうと、テラスにつくったのがこのパーゴラ。モッコウバラを誘引し、バラの木陰にはガーデンテーブルとイスを置いています。春の日差しはすでに強くても、日陰をつくるパーゴラがあれば、テラスをリビング代わりにすることもできます。

白モッコウバラは春に1度だけ花を咲かせる一季咲き。病害虫に強く、手間がかからないバラ。芳香を漂わせ、部屋に香りが届くほど。

日当たりがとてもいい住宅。モッコウバラは常緑でも葉が小さいため、ほどよい木陰をつくり、夏のテラスの暑さを緩和する。

フェンスの内側は日陰の庭

フェンスを立てたのは、家と駐車場スペースの間。目隠しの目的もあって南東向きのフェンスですが、その内側にはしっとりとした日陰の庭ができました。板を横に張った隙間は木もれ日のような光をつくり、日陰の植物に快適な庭です。

時間帯や場所によっては日差しが入る。中央の丸い葉はツワブキ。シモツケ、ヤマアジサイなど四季折々の花も咲く。

南東向きのフェンスなので、午後にはフェンスの裏側にも日差しが回る。そのため、カエデや低木も植栽して、木陰をつくっている。

フェンスの内側には、アマドコロ、クリスマスローズ、ヤブランなど日陰の植物を植栽。ほどよい日差しなので、みずみずしい葉色を見せる。

第5章

日陰で使える植物図鑑

奥行きのある庭の背景に、玄関周りの小さなスペースにと、
庭づくりのプランに合わせて選びやすいように、植物を高さ別に分類しています。
日陰向きの植物が中心ですが、
日なたでも、日陰の環境でも使える植物も含んでいます。
ぜひ、植物選びの参考にしてください。

背景やシンボルになる植物	中景になる植物	前景になる植物
高さ3m 以上	高さ40〜100cm	高さ40cm 未満
P84〜91	P92〜107	P108〜125

図鑑の見方

植物名
一般名、学名、
流通名を紹介しています。

学名
属名＋種小名、
品種を限定する場合は品種名を明記。
数種の紹介の場合は属名だけを記載。

ツバキ
Camellia japonica

花が少ない冬の庭に色鮮やかに咲く。葉は厚く、濃い緑色で光沢がある。多種多彩な品種があり、耐寒性、開花期、樹高もさまざま。生長は遅く、鉢植えなどでコンパクトにも育てられる。本来日なた向きだが日陰でも育ち、西日の当たらない場所、なるべく明るい日陰が好ましい。株元は暗くなるのでコケなどを植えるとよい。冬に乾いた冷たい風に当たると、つぼみが落ちたり、枯れ込んだりするので注意。花が終わったら早い時期に剪定する。

Data
- 日照　明るい日陰、半日陰
- ツバキ科　●和名と別名　椿、カメリア
- 常緑高木　●原産地　日本、朝鮮、中国、台湾
- 高さ　5〜10m　●株張り　1〜5m
- 耐暑性 ○　●耐寒性 ◎
- 土の乾湿　適湿〜湿り気味
- 観賞期間　花：11〜12月、2〜4月

日照条件
植物の栽培条件に合う日陰を、
暗い日陰、明るい日陰、半日陰に分類
※日なたの条件に合う場合については明記していません。
※季節によって日照条件は変化するので、植物の活動がもっとも活発な夏の日照条件を元に分類。明るい日陰、半日陰のうち、落葉樹下は冬の間が日なたになります。

科名
園芸学上の分類

和名と別名
和名の漢字表記と、
英名や通称、商品名など

形態
落葉、常緑など植物の形態を表記

原産地
その植物の自生地、園芸種の場合は
その親の植物が自生する代表的な地域

高さ・株張り
栽培下での一般的な高さと株の横幅

耐暑性・耐寒性
△やや弱い、○普通、◎強いの3つに分類

土の乾湿
乾き気味、適湿、湿り気味の3つに分類

観賞期間
花、実、葉の観賞期間

※本書のデータは関東から関西の平野部を基準としています。

ツバキ
Camellia japonica

花が少ない冬の庭に色鮮やかに咲く。葉は厚く、濃い緑色で光沢がある。多種多彩な品種があり、耐寒性、開花期、樹高もさまざま。生長は遅く、鉢植えなどでコンパクトにも育てられる。本来日なた向きだが日陰でも育ち、西日の当たらない場所、なるべく明るい日陰が好ましい。株元は暗くなるのでコケなどを植えるとよい。冬に乾いた冷たい風に当たると、つぼみが落ちたり、枯れ込んだりするので注意。花が終わったら早い時期に剪定する。

Data
- 日照　明るい日陰、半日陰
- ツバキ科　● 和名と別名　椿、カメリア
- 常緑高木　● 原産地　日本、朝鮮、中国、台湾
- 高さ　5～10m　● 株張り　1～5m
- 耐暑性 ◎　● 耐寒性 ◎
- 土の乾湿　適湿～湿り気味
- 観賞期間　花：11～12月、2～4月

ミツマタ
Edgeworthia chrysantha

新葉に先んじて花が咲く、野趣に富んだ春の花木。小さな花が集まって半球形をつくり、うつむくように咲き、芳香もある。樹皮は紙幣をはじめ良質な和紙の原料になる。枝が必ず3つに分枝するため、「ミツマタ」の名前がつき、自然樹形で低くきれいにまとまり、剪定は整える程度でよい。日なたから明るい日陰の環境まで使えるが、若い苗木は直射日光を嫌うので、落葉樹の高木の株元などに植栽し、周りに春咲きの小球根などを植えるとよい。

Data
- 日照　明るい日陰、半日陰
- ジンチョウゲ科
- 和名と別名　三椏、ムスビギ（結木）
- 落葉低木　● 原産地　中国
- 高さ　1～2m　● 株張り　1～3m　● 耐暑性 ◎
- 耐寒性 ○　● 土の乾湿　適湿～湿り気味
- 観賞期間　花：3～4月

ソヨゴ
Ilex pedunculosa

かたくしっかりした葉が下がるようにつく。そよそよと葉が風にそよぐ姿から、名づけられたといわれる。小さな実が熟すと真っ赤に色づき、濃い葉色に映えて、冬の庭のアクセントになる。雌雄異株なので雌雄の株が近くにないと実はつかない。生育は穏やかで、枝が横に張らず、樹形が乱れないため、狭い場所で高さを出して見せたいときに重宝。街路樹などによく使われ、常緑樹のなかでは強い耐寒性がある。

Data
- 日照　明るい日陰、半日陰
- モチノキ科　● 和名と別名　冬青、フクラシバ
- 常緑高木　● 原産地　日本
- 高さ　5～10m　● 株張り　0.5～2m
- 耐暑性　◎　● 耐寒性　◎
- 土の乾湿　適湿～湿り気味
- 観賞期間　実：10～2月

ヤツデ
Fatsia japonica

手のひらのような形の大きな葉を広げる。晩秋には白い花が集まってつき、つやのある濃い緑色の葉に映える。関東以西の日陰の森林に自生する常緑低木で、昔から日陰の庭木として利用されてきた。横に広がるため狭い場所にはあまり向かないが、エアコンの室外機など、目隠しをしたい場所には大きな葉が重宝する。とても丈夫で手をかけなくても育つ。印象的な白や黄色の斑入り品種は、暗い日陰のフォーカルポイントになる。

Data
- 日照　暗い日陰、明るい日陰、半日陰
- ウコギ科
- 和名と別名　八つ手、テングノハウチワ
- 常緑低木　● 原産地　日本　● 高さ　2～3m
- 株張り　2～3m　● 耐暑性　○　● 耐寒性　◎
- 土の乾湿　適湿～湿り気味
- 観賞期間　花：11～12月

アオキ
Aucuba japonica

一年中変わりなく、青々としているため、「青木」の名前がついた。雌雄異株なので、雌雄の株をいっしょに植えると実がつく。赤い実は冬から初夏まで長もちして、色味の少ない日陰の庭のアクセントになる。コンパクトな樹形は育てやすく、ビルの谷間の暗い植え込みに、また、耐寒性の強さから寒い地域の庭にもよく利用される。

Data
- ☀ 日照　暗い日陰、明るい日陰
- ●アオキ科　●和名と別名　青木、ダルマノキ　●常緑低木
- ●原産地　日本、中国、朝鮮半島　●高さ　1〜2.5m
- ●株張り　1〜2.5m　●耐暑性　◎　●耐寒性　◎
- ●土の乾湿　適湿〜湿り気味　●観賞期間　実：12〜5月

カクレミノ
Dendropanax trifidus

葉の形を蓑にたとえて名がついた。若い株の葉は2〜3つに分かれるが、老木は卵形になる。濃い緑色の葉は暗い日陰に耐えるため、庭の背景やビルの植え込みなどに使われる。夏の直射日光に当たって乾燥する場合は、株元をマルチングするか、植物を植えると葉焼けを防げる。緩やかに生長するので、剪定は自然樹形を生かすとよい。

Data
- ☀ 日照　暗い日陰、明るい日陰、半日陰
- ●ウコギ科　●和名と別名　隠れ蓑、カラミツデ、テングノウチワ、ミツデ、ミツノカシワなど　●常緑中木　●原産地　日本、台湾
- ●高さ　2.5〜5m　●株張り　0.5〜2m　●耐暑性　◎
- ●耐寒性　◎　●土の乾湿　湿り気味　●観賞期間　葉：一年中

リョウブ
Clethra barbinervis

初夏から夏、枝先に10〜15cmの花穂をつける。幹は茶褐色で樹皮がはげ落ちたところは光沢があり、なめらか。生け花、茶花としても利用される。やや乾いた林に自生する落葉樹で、日当たりのいい場所または、半日陰で育つ。斑入り葉のほか、最近は近縁のアメリカリョウブで、花色がピンクの園芸品種も出回る。

Data
- ☀ 日照　半日陰
- ●リョウブ科　●和名と別名　令法、ハタツモリ
- ●落葉小高木　●原産地　日本　●高さ　3〜7m
- ●株張り　1〜3m　●耐暑性　○　●耐寒性　○
- ●土の乾湿　適湿〜乾燥気味　●観賞期間　花：7〜9月

トサミズキ'スプリング・ゴールド'
Corylopsis spicata 'spring gold'

3月下旬から4月にかけて黄色い小花が連なって下垂する。そのあとに葉が芽吹き、秋には紅葉する。枝はやや太くジグザグに伸び、株立ちになるものが多い。江戸時代から庭木や盆栽として親しまれてきた。放っておいても樹形はまとまりやすいが、限られた空間では剪定が必要。'スプリング・ゴールド'は新芽が黄金葉で、しだいにライムグリーンに変化。本来は日なたを好むが、この園芸品種は日陰のほうが葉の発色がいい。

Data
☀ **日照 明るい日陰、半日陰**
- マンサク科　●和名と別名　蝋弁花
- 落葉低木　●原産地　日本
- 高さ　2〜5m　●株張り　0.5〜2m
- 耐暑性 ◎　●耐寒性 ◎
- 土の乾湿　適湿
- 観賞期間　花：3〜4月　葉：4〜11月

アセビ
Pieris japonica

花が少ない早春に、スズランに似た小さな白い花を連ね、濃い緑の常緑の葉とのコントラストが美しい。園芸品種が多数あり、白花のほか珍しいピンク色の花は人気品種。明るい日陰、半日陰が最適で、暗い日陰は花つきが悪くなる。丈夫で病虫害に強く、生長が遅いため狭い庭でも育てやすい。葉が有毒で馬が食べると酔ったようになるため、「馬酔木」の名がついた。常緑低木なので日陰の生垣、落葉樹の株元などに植えるとよい。

Data
☀ **日照 明るい日陰、半日陰**
- ツツジ科　●和名と別名　馬酔木、アシビ、アセボ
- 常緑低木　●原産地　日本、中国、台湾
- 高さ　1.5〜2.5m　●株張り　1〜2m
- 耐暑性 ◎　●耐寒性 ◎
- 土の乾湿　適湿〜湿り気味
- 観賞期間　花：2月下旬〜4月上旬

バイカウツギ
Philadelphus

花の形がウメに似るため名づけられた。日本では本州〜九州の山地に自生。ほのかに香る白い清楚な花は、庭木や生け花の花材として親しまれてきた。いくつもの種に由来する園芸品種があり、とくに芳香が強い品種もある。日なた、または半日陰の環境に向くが、強い西日が直接当たる場所は避ける。花つきはよく、剪定せず放任するほうが花はよく咲くが、枝が混み合うと樹形が乱れるので、整える程度に剪定するとよい。

Data
☀ **日照　半日陰**

- アジサイ科　● 和名と別名　サツマウツギ、フスマウツギ　● 落葉低木　● 原産地　北アメリカ、中央アメリカ、アジア、ヨーロッパ　● 高さ　約2m
- 株張り 0.5〜1.5m　● 耐暑性　○
- 耐寒性　◎　● 土の乾湿　適湿
- 観賞期間　花：5〜7月

アジサイ
Hydrangea macrophylla

梅雨の季節の代表的な花。花びらのようなガクが発達した装飾花が縁取る「ガク咲き」がガクアジサイ。これが変化して装飾花が球形に集まったものが「手まり咲き」。多種多様な園芸品種が出回り、いずれも日なた、明るい日陰や半日陰で育つ。ただし、強い西日は葉焼けをするので注意。とても丈夫で旺盛に生長するので、ある程度スペースのある場所に植え、地際で枝を間引くように剪定し、株の広がりを抑えるとよい。

Data
☀ **日照　明るい日陰、半日陰**

- アジサイ科　● 和名と別名　七変化、アヅサイ
- 落葉低木　● 原産地　日本
- 高さ　1〜2m　● 株張り　1〜1.5m
- 耐暑性　△　● 耐寒性　○
- 土の乾湿　適湿〜湿り気味
- 観賞期間　花：6〜7月

コアジサイ
Hydrangea hirta

ヤマアジサイから縁取りの装飾花を取り除いたような花。花径5cmほどの粒々とした繊細な花をたくさん咲かせる。一般的なアジサイの仲間にはない甘い芳香も特徴。白や紫色の花はじめじめした梅雨の時季にさわやかさを運び、秋には黄葉も楽しめる。関東以西から、四国、九州に分布する日本固有種で、明るい林や林縁などに自生するため、明るい日陰や半日陰に向く。生長はやや早く、地際で枝分かれすることが多く、横に広がる樹形。

> **Data**
>
> ☀ **日照 明るい日陰、半日陰**
>
> - アジサイ科
> - 和名と別名 小紫陽花、シバアジサイ
> - 落葉低木 ● 原産地 日本 ● 高さ 1～1.5m
> - 株張り 0.5～1m ● 耐暑性 △
> - 耐寒性 ◎ ● 土の乾湿 適湿～湿り気味
> - 観賞期間 花：6～7月

カシワバアジサイ
Hydrangea quercifolia

北アメリカ原産のアジサイの仲間。切れ込みのある葉がカシワの葉に似ていることから名づけられた。20cm以上になる大きな葉と、30cmにもなる円錐形の大きな花が特徴。梅雨に開花するため、雨を含むと重みで花が垂れ下がりやすい。花色は白で、一重咲きと八重咲きがある。半日陰でも午後西日が当たる場合は葉焼けしやすいが、特別な世話はいらず、丈夫でアジサイと同じように生長。温暖な地域でも秋の紅葉が美しい。

> **Data**
>
> ☀ **日照 明るい日陰、半日陰**
>
> - アジサイ科 ● 和名と別名 柏葉紫陽花
> - 落葉低木 ● 原産地 北アメリカ
> - 高さ 1～2m ● 株張り 0.5～1.5m
> - 耐暑性 ◎ ● 耐寒性 ◎
> - 土の乾湿 適湿～湿り気味
> - 観賞期間 花：5～7月

❶ 'リトル・ハニー'

背景やシンボルになる植物

ヤマアジサイ
Hydrangea serrata

明るい日陰や西日が当たらない半日陰を好み、湿り気のある林や沢沿いに生育するため別名サワアジサイ。アジサイよりも花は小さく、花色は白、青紫、紅色など。茎は細く、葉は薄く小ぶりで野趣に富む。ガク咲きのほか、園芸品種は手まり咲きもあり、多種多彩。8月以降に出る芽に翌年花が咲くので7月までに剪定する。

Data
- 日照　明るい日陰、半日陰
- アジサイ科　●和名と別名　山紫陽花、サワアジサイ
- 落葉低木　●原産地　日本　●高さ　1〜2m
- 株張り　0.5〜1.5m　●耐暑性　○　●耐寒性　△
- 土の乾湿　適湿〜湿り気味　●観賞期間　花：6〜7月

ノリウツギ
Hydrangea paniculata

原種のノリウツギは装飾花と粒々とした小さな花が交じるが、すべて装飾花の園芸品種は華やか。長さ約30cmの円錐形になり、ピラミッドアジサイの名前でも流通。アジサイよりも開花が1か月遅く、花期が長い。日なたを好むが、半日陰でも開花する。強い西日は避けて、水はけがよく、乾燥しにくい場所を選ぶとよい。

Data
- 日照　半日陰
- アジサイ科　●和名と別名　糊空木、ピラミッドアジサイ、トロロノキ、ノリノキ、ミナヅキ　●落葉低木
- 原産地　日本、中国　●高さ　2〜3m
- 株張り　1〜2m　●耐暑性　◎　●耐寒性　◎
- 土の乾湿　適湿〜湿り気味　●観賞期間　花：7〜9月

シャクナゲ
Rhododendron subgenus Hymenanthes

大きな花、華やかな花色が特徴。5000を超える園芸品種があり、近年、日本の屋久島原産のヤクシマシャクナゲが交配親に加わって、小型で花つきよく育てやすい品種が出回る。原種は高山に自生し、夏の暑さに弱いものもあるので、耐暑性のよしあしで品種選びをするとよい。強い西日は避け、午前中に日が差す半日陰が適している。

Data
- 日照　半日陰
- ツツジ科　●和名と別名　石楠花、ロードデンドロン、セイヨウシャクナゲ　●常緑低木　●原産地　ヨーロッパ、アジア、北アメリカ　●高さ　0.5〜5m　●株張り　0.5〜3m
- 耐暑性　△　●耐寒性　◎　●土の乾湿　適湿〜湿り気味
- 観賞期間　花：4月下旬〜5月中旬

'初雪'

ヒメシャラ
Stewartia monadelpha

初夏、2cmぐらいの白い一重咲きの花を咲かせる。細い枝に涼しげに咲く一日花で、茶花として好まれる。ナツツバキ（シャラノキ）とよく似るが、花の大きさは半分以下。秋には紅葉し、落葉したあとにも赤みがかったなめらかな木肌が楽しめる。自然樹形が美しく、雑木の庭のシンボルツリーによく使われる。半日陰を好むが、強い直射日光には弱いので、夏の西日が当たらない場所に植栽し、水切れにも注意する。剪定は整える程度が適当。

> **Data**
> ☀ **日照 明るい日陰、半日陰**
> ● ツバキ科　● 和名と別名　姫娑羅、サルタノキ
> ● 落葉高木　● 原産地　日本
> ● 高さ 10～15m　● 株張り 1～3m
> ● 耐暑性 ○　● 耐寒性 △
> ● 土の乾湿　適湿～湿り気味
> ● 観賞期間　花：5～7月

クレマチス
Clematis

つる性の多年草で細い茎を伸ばし、花は多種多彩。水はけのよい適湿地ならば、どこでも育つ。基本的に日なたを好むが、株元に直射日光が当たるのを嫌い、日差しを求めて高くつるを伸ばすため、上の方に日差しが当たれば半日陰でも花が咲く。鉢植えは水切れに注意が必要。苗は春と秋に出回り、11～3月下旬が植えつけ時。前年のつるにしか花が咲かないタイプと、そうでないタイプと剪定の仕方が異なるので、購入時に性質を確認する。

> **Data**
> ☀ **日照 半日陰**
> ● キンポウゲ科　● 別名　テッセン、カザグルマ
> ● 多年草　● 原産地　世界各地の温帯
> ● つるの長さ 1.5～3m
> ● 株張り 3m以上
> ● 耐暑性 ○　● 耐寒性 ◎
> ● 土の乾湿 適湿　● 観賞期間　花：4～6月

❶ '白万重'　❷ '天使の首飾り'　❸ テッセン

ジンチョウゲ
Daphne odora

強い芳香を漂わせ、春の到来を告げる花木。花弁に見えるのはガク片で、肉厚な筒状の小花が手まりのように集まって咲く。夏の強い直射日光を嫌うので、西日が当たらない半日陰が最適。移植すると枯れることがあるので場所を選んで植えるとよい。コンパクトな樹形で、花後に飛び出した枝を整える程度で自然にまとまる。

Data
- 日照 半日陰
- ●ジンチョウゲ科 ●和名と別名 沈丁花、チョウジグサ、ズイコウ、センリコウ ●常緑低木 ●原産地 中国
- ●高さ 約1m ●株張り 1m ●耐暑性 ○ ●耐寒性 ○
- ●土の乾湿 適湿〜湿り気味 ●観賞期間 花：2〜4月中旬

シロヤマブキ
Rhodotypos scandens

新緑に白い花を軽やかにつけて、野趣のある花木。一重咲きの花は1週間ほどで散るが、つやのある黒い小さな実が長もちし、秋には黄葉する。ヤマブキの名がつくが、黄色いヤマブキとは別属の植物。園芸品種はなく、基本種の白花品種だけが出回る。落葉樹の下など半日陰に植え、枝が横に広がる自然樹形を楽しむとよい。

Data
- 日照 半日陰
- ●バラ科 ●和名と別名 白山吹、ヨツノキ ●落葉低木
- ●原産地 日本、中国、朝鮮半島 ●高さ 1〜2m
- ●株張り 0.5〜1m ●耐暑性 ◎ ●耐寒性 ◎
- ●土の乾湿 適湿 ●観賞期間 花：4〜5月

シモツケ
Spiraea japonica

名前は下野（栃木県）に多く自生したことに由来。コンパクトな樹形で育てやすく初心者向き。ピンクの小花が集まって咲き、花もちもよい。黄金葉、斑入りなど、葉色が変化した園芸品種が多数あり、秋には紅葉する。本来日なたを好み、花つきは控えめになるが日陰でも育つ。引き立て役として、ナチュラルな庭づくりに活躍。

Data
- 日照 半日陰
- ●バラ科 ●和名と別名 下野、キシモツケ ●落葉低木
- ●原産地 日本、中国、朝鮮半島 ●高さ 0.5〜1m
- ●株張り 0.5〜1m ●耐暑性 ◎ ●耐寒性 ◎
- ●土の乾湿 適湿〜湿り気味 ●観賞期間 花：5〜6月

コバノズイナ
Itea virginica

庭木のほか、盆栽や生け花の花材としてよく利用される。甘い香りがする小花が密集し、10cmほどの花穂が枝先につく。半日陰で育つが、本来は日なたを好むため、多少花つきは劣る。秋には色鮮やかな赤紫色に紅葉。株立ちになり、コンパクトにまとまる樹形なので、狭いスペースでも育てやすい。とても丈夫で、庭木のほか、寄せ植え、盆栽などにも向く。乾燥には弱いので、夏場はとくに水切れしないように注意する。

> **Data**
> ☀ **日照** 半日陰
> ● ズイナ科
> ● 和名と別名 木葉の随菜、アメリカズイナ
> ● 落葉低木 ● 原産地 北アメリカ ● 高さ 1〜2.5m
> ● 株張り 0.3〜1m ● 耐暑性 ◎
> ● 耐寒性 ◎ ● 土の乾湿 適湿〜湿り気味
> ● 観賞期間 花：5〜6月

'ヘンリーズ・ガーネット'

コガクウツギ
Hydrangea luteovenosa

若い枝は黒紫色を帯び、葉にはつやがある。ヤマアジサイよりもひと足早く咲き、清楚な雰囲気と芳香が魅力。白い花に見えるのはアジサイと同じ装飾花で、粒々とした花といっしょに集まって咲く。装飾花が八重咲きになった園芸品種'花笠'は約5mmの小花が集まり、ボリューム感がある。山の谷間の伐採跡など日陰に多く自生するので、雑木の庭の足元などに植えるとよい。若い枝が長く伸びるのでフェンスなどに誘引してもよい。

> **Data**
> ☀ **日照** 半日陰
> ● アジサイ科 ● 和名と別名 小額空木
> ● 落葉低木 ● 原産地 日本
> ● 高さ 1〜2m ● 株張り 50〜80cm
> ● 耐暑性 ◎ ● 耐寒性 ◎
> ● 土の乾湿 適湿〜湿り気味
> ● 観賞期間 花：5〜7月

'花笠'

ビヨウヤナギ
Hypericum chinense

葉の形が似るためヤナギとつくが、実つきの切り花として出回るヒペリカムの仲間。花が少ない梅雨の時季、明るい緑色の葉につぎつぎと黄色い花を咲かせる。黄金色の5弁の花が大きく開き、長く繊細な雄しべが特徴。実は赤く、熟すと黒くなり、紅葉も楽しめる。風通しのいい場所を選ぶと旺盛に生長し、丈夫で栽培しやすい。日なた、または半日陰の環境ならばたくさんの花が咲く。コンパクトな樹形は多年草と合わせやすい。

Data
- 日照　半日陰
- オトギリソウ科　●和名と別名　美容柳、ヒペリカム、ビジョヤナギ　●半常緑低木　●原産地　中国
- 高さ　約1m　●株張り　0.5〜1.5m
- 耐暑性　◎　●耐寒性　◎
- 土の乾湿　適湿〜湿り気味
- 観賞期間　花：6〜7月

アメリカノリノキ 'アナベル'
Hydrangea arborescens 'Annabelle'

庭木や植え込みでよく見かけるようになったアナベルは、アメリカノリノキの園芸品種。装飾花が集まり、緑色からしだいに白に色変わりする。直径30cmにもなる豪華な花が、初夏の日陰を涼しげに彩る。花芽は春に伸びた枝から出て、すぐに夏に開花。アジサイのように開花後に剪定する必要がないため、立ち枯れた花がらを楽しんだあと、剪定は冬にできる。耐寒性がとても強いので、アジサイが育たないような寒冷地で庭植えできる。

Data
- 日照　半日陰
- アジサイ科　●和名と別名　アナベル
- 落葉低木　●原産地　北アメリカ
- 高さ　1〜1.5m　●株張り　0.5〜1m
- 耐暑性　◎　●耐寒性　◎
- 土の乾湿　適湿〜湿り気味
- 観賞期間　花：6〜7月

❶ピンクアナベル

ナリヒラヒイラギナンテン
Berberis eurybracteata

羽のように細い葉が並ぶ個性的な姿の常緑低木。丈夫で手間がかからず、一年中きれいな緑色の葉色を保つ。黄色い小粒の花が穂状に咲き、とても花もちがいい。花が少なくなる秋から晩秋の庭を彩り、春には黒紫色の小さな実をつける。マンションの日陰の植え込みなどによく利用されている。暗い日陰は花つきが悪くなる。

Data
☀ **日照　明るい日陰、半日陰**
- メギ科　●和名と別名　業平柊南天　●常緑低木
- 原産地　中国　●高さ　1～2m　●株張り　0.8～1m
- 耐暑性　◎　●耐寒性　◎　●土の乾湿　適湿～湿り気味
- 観賞期間　花：10～12月　実：3～4月　葉：オールシーズン

センリョウ
Sarcandra glabra

正月の縁起物として欠かせない植物。花の少ない季節に、赤い小さな実が日陰の庭を彩る。地下茎から毎年新しい茎を出し、放任でもよく育つ。強い日差しが当たると葉色が悪くなるため、日照は明るい日陰ぐらいが最適。暗い日陰になると実つきが悪くなる。黄色い実をつける園芸品種キミノセンリョウもある。

Data
☀ **日照　明るい日陰、半日陰**
- センリョウ科　●和名と別名　千両、クササンゴ　●常緑低木
- 原産地　日本、朝鮮半島、中国、東南アジア　●高さ 0.7～1m
- 株張り　30～80cm　●耐暑性　◎　●耐寒性　○　●土の乾湿　適湿～湿り気味　●観賞期間　実：11～2月　葉：オールシーズン

ミヤマシキミ
Skimmia japonica

スキミアの名で流通し、赤紫色のつぼみと、肉厚で光沢がある濃い緑色の葉が特徴。10～2月まできれいなつぼみの状態が長く続き、春に花が咲く。白い小花にはさわやかな香りがある。有機質に富んだ湿り気のある土を好み、乾燥や強い日差しに弱いので、株元をマルチングするとよい。北側の玄関先など明るい日陰に向く。

Data
☀ **日照　明るい日陰、半日陰**
- ミカン科　●和名と別名　シキミア、ミヤマシキミ
- 常緑低木　●原産地　日本、中国　●高さ　0.6～1.2m
- 株張り　30～50cm　●耐暑性　◎　●耐寒性　◎
- 土の乾湿　適湿　●観賞期間　花：4月　つぼみ：10～2月

中景になる植物

オルラヤ・グランディフローラ
Orlaya grandiflora

ガーデニングブームのころから人気が高まった草花。切れ込みのある葉も花も、レースのように繊細に見えるが、とても丈夫でこぼれ種で増える。夏の暑さに弱いため、暖地では秋まきの一年草扱い。寒冷地では多年草になる。日なたでも、半日陰でもよく咲くが、日差しが不足すると徒長気味になる。移植を嫌うので、植え込む場合は根を傷つけないように気をつける。やさしい雰囲気の白い花はさまざまな草花と調和する。

Data
- 日照 半日陰
- セリ科　●和名と別名　オルラヤ・ホワイトレース、オルラヤ　●一年草または多年草
- 原産地　地中海沿岸　●高さ 30～60cm
- 株張り 30～50cm　●耐暑性 ○　●耐寒性 ◎
- 土の乾湿　適湿～湿り気味
- 観賞期間　花：4～6月

チョウジソウ
Amsonia

初夏にさわやかな水色の小花が咲き、夏は緑の葉、秋には黄葉が楽しめる。すらりとした茎に細い葉をつけ、手入れをしなくても株は乱れず、横に広がらないので、狭いスペースにも向く。かつては日本のやや湿った草地などに自生していたが、現在出回るのは北アメリカ原産のホソバチョウジソウやヤナギバチョウジソウが多い。暑さ、寒さに強く丈夫で、半日陰または日なたを好む。夏の乾燥は葉を傷めることがあるので、株元をマルチングするとよい。

Data
- 日照 半日陰
- キョウチクトウ科　●和名と別名　アムソニア
- 多年草　●原産地　北アメリカ、東アジア
- 高さ50～70cm　●株張り 30～50cm
- 耐暑性 ◎　●耐寒性 ◎
- 土の乾湿　適湿～湿り気味
- 観賞期間　花：4～5月　葉：4～11月

アスチルベ
Astilbe

ふわふわした円錐形の花穂をすっと伸ばし、日陰の庭の演出に活躍する。日本の山野草のアワモリショウマなどを中心にしてヨーロッパで改良。乾燥を嫌うが梅雨の間もきれいに咲き続けて、丈夫で栽培しやすい。暖地では直射日光が当たらない明るい日陰が向く。葉焼けしても、翌年は新芽を伸ばして開花する。花色は白のほか、華やかな赤から、淡いピンク色まである。花後にカラーリーフとして楽しめる銅葉の品種もある。

Data
日照　明るい日陰、半日陰

- ユキノシタ科　● 和名と別名　アワモリショウマ、チダケサシ　● 多年草
- 原産地　東アジア、北アメリカ　● 高さ　30〜50cm
- 株張り　30〜50cm　● 耐暑性　○
- 耐寒性　◎　● 土の乾湿　適湿〜湿り気味
- 観賞期間　花：5〜7月　葉：4〜10月

シラン
Bletilla striata

日本原産のランの仲間。花は華やかな赤紫色、白花などがあり、茎や葉のすっとした直線的なラインが目を引く。育てやすく、植えっ放しでも翌年は花が咲き、株が大きくなる。ササに似たきれいな葉は、強い直射日光を当てなければ、花後もグラウンドカバーとして使える。ひどく乾燥する場合は枯れ込まないようにマルチングするとよい。斑入り葉の品種もある。ハナニラやアジュガなど丈の低いものを手前に合わせてもよい。

Data
日照　明るい日陰、半日陰

- ラン科　● 和名と別名　紫蘭、シケイ、ベニラン、ハクキュウ　● 多年草　● 原産地　日本、中国
- 高さ　40〜60cm　● 株張り　30〜50cm
- 耐暑性　◎　● 耐寒性　◎
- 土の乾湿　適湿
- 観賞期間　花：5月　葉：5〜10月

シロバナシラン

中景になる植物

リシマキア
Lysimachia

'アトロパープレア・ボジョレー'のように直立するタイプ、'ミッドナイト・サン'のようにほふくし、グラウンドカバーになるタイプもある。原種は世界各地に分布し、日本にはオカトラノオ、クサレダマなどが自生。いずれもとても丈夫で、開花期が非常に長いタイプもある。日照環境は日なた、半日陰と場所を選ばず、とても使い勝手がよい。湿り気のある場所を好むので、乾燥を防ぐために腐葉土などでマルチングしておくと効果的。

Data
日照 半日陰
- サクラソウ科 ● 和名と別名 オカトラノオ、クサレダマ ● 一年草、多年草
- 原産地 北半球を中心に世界各地
- 高さ 5〜100cm ● 株張り 30〜50cm
- 耐暑性 ○ ● 耐寒性 ◎
- 土の乾湿 適湿〜湿り気味 ● 観賞期間 花：4〜8月

❶ 'アトロパープレア・ボジョレー' ❷ 'ミッドナイト・サン'

ジギタリス
Digitalis purpurea

初夏のバラに欠かせないパートナー。花色は濃いピンク、紫、白など多彩で、絵の具のように花色が選べ、びっしりと花をつける花穂は長く楽しめる。日なたを好むが、夏の暑さに弱いため暖地では夏越しが難しい。明るい日陰や半日陰でよく咲くものが多く、品種によって草丈などにも違いがあるので、品種を選ぶとよい。フォーカルポイントに、またつるバラと丈の短い植物の間に植えると景色をつなぎ、奥行き感を演出できる。

Data
日照 明るい日陰、半日陰
- オオバコ科 ● 和名と別名 キツネノテブクロ
- 二年草、または多年草 ● 原産地 ヨーロッパ
- 高さ 0.3〜1.8m ● 株張り 40〜60cm
- 耐暑性 ○ ● 耐寒性 ◎
- 土の乾湿 適湿
- 観賞期間 花：5〜6月

ミツバシモツケ
Gillenia trifoliata

低木のシモツケに似ていることから名前がついた。夏には星形の繊細な花を咲かせる。花は白く、ガク片と花がらは赤い。茎をすっと伸ばして花をちりばめ、こんもりとした大株になる。花後はきれいな葉を保ち、秋には紅葉が楽しめる。とても丈夫で、冬の間に枯れた茎を株元で剪定すると、ほとんど株分けの必要もなく育てられる。

> **Data**
> ☀ 日照 半日陰
> ● バラ科　● 和名と別名　ギレニア・トリフォリア
> ● 多年草　● 原産地　北アメリカ　● 高さ　約60cm
> ● 株張り　30〜50cm　● 耐暑性 ◎　● 耐寒性 ◎
> ● 土の乾湿　適湿〜湿り気味　● 観賞期間　花：5〜6月

レーマニア・エラータ
Rehmannia elata

細く長い花穂に花径4〜5cmのラッパ形の花を咲かせる。夏の高温多湿を嫌うため、風通しのいい半日陰で管理すると夏越しできる。有機質に富んだ水はけのよい土を好み、地下茎を伸ばして春から秋まで旺盛に生長。とても丈夫で植えっ放しでもよく株が増える。赤紫色の鮮やかな花色はアクセントに重宝。

> **Data**
> ☀ 日照 半日陰
> ● ゴマノハグサ科　● 和名と別名　チャイニーズ・フォックスグローブ　● 多年草　● 原産地　中国　● 高さ 30〜60cm
> ● 株張り　30〜70cm　● 耐暑性 ○　● 耐寒性 ◎
> ● 土の乾湿　適湿〜湿り気味　● 観賞期間　花：5〜7月

カンパニュラ・パーシフォリア
Campanula persicifolia

カンパニュラは種類が多く、ベル形で下がるタイプ、本種のキキョウに似た花形のタイプなどがある。白やブルー、紫などの軽やかな花が初夏の庭にさわやかさを運び、花がら摘みをすればつぎつぎに咲き進む。本来は日なたを好むが、風通しと水はけのいい半日陰で育てると夏越ししやすく、10月ごろにまた開花する。

> **Data**
> ☀ 日照 半日陰
> ● キキョウ科　● 和名と別名　モモバギキョウ　● 多年草
> ● 原産地　ヨーロッパ、ロシア中部・南部、トルコ　● 高さ 30〜100cm　● 株張り　30〜50cm　● 耐暑性 ○　● 耐寒性 ◎
> ● 土の乾湿　適湿〜湿り気味　● 観賞期間　花：5〜7月

中景になる植物

アストランティア
Astrantia

ごく小さな花が半球状に集まって咲く繊細な花。薄い花びらに見えるのは総苞(そうほう)。風になびくような細い茎の先に咲き、ナチュラルな雰囲気が持ち味。原種は約10種あり、とくにマイヨールは育てやすい。ピンクの濃淡や白など数品種の園芸品種があり、切り花でも人気が高い。水分を好むが、夏の強い日差しと暑さ、多湿にも弱いため、植え込むのは風通しのいい半日陰が適している。寒冷地では育てやすく、腐葉土を多く含んだ土でよく育つ。

Data
- 日照　半日陰
- セリ科　●和名と別名　マスターウォート
- 多年草　●原産地　ヨーロッパ
- 高さ 40〜80cm　●株張り 20〜30cm
- 耐暑性 △　●耐寒性 ◎
- 土の乾湿　乾き気味〜適湿
- 観賞期間　花：5月中旬〜7月中旬

アストランティア・マイヨール

ホタルブクロ
Campanula punctata

日当たりのよい草原、道端や林縁など、日本各地に広く自生する山野草。すらりと伸びた茎に釣り鐘形の花を連ね、やさしくナチュラルな雰囲気が漂う。花色は白、ピンク色、赤紫色のほか、園芸品種には青紫色、八重咲きもある。育てやすいが、乾燥して翌年の芽が枯れることがあるので、昼前後からの直射日光には注意。落葉樹の足元に植えて楚々としたムードを、まとめて植えてボリューム感を出してもよい。

Data
- 日照　明るい日陰、半日陰
- キキョウ科
- 和名と別名　蛍袋、チョウチンバナ、トッカンバナ
- 多年草　●原産地　東アジア
- 高さ 30〜60cm　●株張り 30cm
- 耐暑性 ○　●耐寒性 ◎
- 土の乾湿　適湿〜湿り気味　●観賞期間　花：6月

アガパンサス
Agapanthus

ブルー系や白い花を涼しげに咲かせる。すらりとした茎、厚みのある革質の葉に、ユリのような花を豪華に咲かせる。ほとんど放任でも毎年花が咲くため、ビルや街路の植え込みなどでよく見かける。本来は水はけのよい土と日なたの環境を好むが、乾燥した環境や半日陰でも適応できる。やせた土でも育つため、肥料はほとんど不要。品種が豊富でサイズや花の形も多種多様なものがあり、常緑性と落葉性、その中間のタイプもある。

Data
- 日照　半日陰
- ムラサキクンシラン科
- 和名と別名　ムラサキクンシラン
- 多年草　● 原産地　南アフリカ
- 高さ　0.3～1.5m　● 株張り　0.5～1m
- 耐暑性 ◎　● 耐寒性　落葉性：◎　常緑性：○
- 土の乾湿　乾き気味　● 観賞期間　花：5～8月

アカンサス・モリス
Acanthus mollis

光沢のある大きな葉、長い花穂がひときわ目を引く。環境に適応しやすいが、乾燥しすぎると葉色が悪くなる。昼前後からの日が当たる場所に植える場合は、有機質を多く含み、保水力の高い土で育てる。花壇の中景から後方に植え、小ぶりな植物を前に植えると、立体感のある庭になる。横に張る株は広いスペースが必要だが、大鉢に植えればガーデンのフォーカルポイントになり、レンガの壁など構造物の強い印象を和らげる効果もある。

Data
- 日照　明るい日陰、半日陰
- キツネノマゴ科　● 和名と別名　ハアザミ
- 常緑多年草　● 原産地　地中海沿岸地方
- 高さ　0.6～1.5m　● 株張り　0.5～1m
- 耐暑性 ◎　● 耐寒性 ◎
- 土の乾湿　乾き気味～適湿
- 観賞期間　花：6～7月　葉：一年中（8月を除く）

キショウブ
Iris pseudacorus

明治時代から栽培され、とても丈夫で日本各地の水辺や水田脇などに野生化し、5月ごろからよく見かける。ガーデニング素材としてはあまり注目されてこなかったが、アヤメの仲間では黄色い花色は貴重。斑入り葉や八重咲きの園芸品種もある。本来、日なたを好むが、半日陰でも育ち、初夏の庭に涼やかさを運ぶ。

Data
- 日照 明るい日陰、半日陰
- アヤメ科 ●和名と別名 黄菖蒲 ●多年草
- 原産地 ヨーロッパ、西アジア ●高さ 0.6～1m
- 株張り 50～80cm ●耐暑性 ◎ ●耐寒性 ◎
- 土の乾湿 適湿～湿り気味 ●観賞期間 花：5～6月

ムラサキツユクサ
Tradescantia cvs.

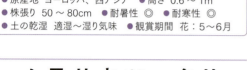

細く長い葉と、紫色の花が特徴。初夏の朝、みずみずしい花を見せるが一日花なので、晴れた暑い日は昼ごろにはしぼむ。湿った土を好み、水はけの悪い場所でも育つが、乾燥や昼前後からの強い日差しには弱い。丈夫で株が大きくなるので、肥料は控えめにすると株が暴れにくい。黄金葉の品種はカラーリーフとして利用できる。

Data
- 日照 明るい日陰、半日陰
- ツユクサ科 ●和名と別名 紫露草、オオムラサキツユクサ、アンダーソニアナ ●多年草 ●原産地 北アメリカ
- 高さ 30～60cm ●株張り 30～50cm
- 耐暑性 ○ ●耐寒性 ◎ ●土の乾湿 適湿～湿り気味
- 観賞期間 葉：4～10月 花：5～7月

ユーパトリウム
Conoclinum

青紫や白など、アザミを小さくしたような花を集め、つぎつぎに咲いて観賞期間が長い。ピンク、紫、白、青など鮮やかな花色は初秋の庭で重宝し、銅葉の'チョコラータ'は、カラーリーフとして庭のアクセントになる。とても丈夫で、地下茎で旺盛に繁殖し、種でも増えるため、植えつけは間隔を空けるとよい。

Data
- 日照 半日陰
- キク科 ●和名と別名 セイヨウフジバカマ、コノクリニウム
- 多年草 ●原産地 アメリカ中部～南東部、西インド諸島
- 高さ 0.7～1m ●株張り 30～80cm
- 耐暑性 ◎ ●耐寒性 ○
- 土の乾湿 乾き気味～適湿 ●観賞期間 花：8～9月

'チョコラータ'

ベロニカ
Veronica

すらりとした花穂と青や白のさわやかな花色が特徴。夏から初秋の暑い時期に咲き、涼感を運ぶ。多様な種類があり、花壇やコンテナでよく使うのがセイヨウトラノオを中心とした交配種で、こんもり茂るタイプもある。株分け、挿し芽、種まきでも増え、丈夫で育てやすい。本来、日当たりのよい場所を好むが、環境によく適応するため半日陰でも育つ。まとめて植えて、長いラインをリズミカルに生かしてもよい。

Data
日照 半日陰

- オオバコ科 ●和名と別名 ルリトラノオ、スピードウェル ●多年草、一年草
- 原産地 世界中に分布 ●高さ 0.5～1m
- 株張り 0.3～1m ●耐暑性 ◎
- 耐寒性 ◎ ●土の乾湿 適湿～湿り気味
- 観賞期間 花：4～11月

ヤマユリ
Lilium auratum

日本は多数の原種が自生。テッポウユリ、スカシユリのように日なたを好むものもあるが、ヤマユリはもともと山や林の中などに自生するユリ。明るい日陰、または強い西日が当たらない半日陰の環境を好む。交配種のひとつで人気が高い'カサブランカ'も同様の環境で育つ。草丈は1m以上で、茎の先に豪華な大輪を数輪から10輪ほど豪華に咲かせる。野趣にあふれ、存在感があり、強い香りは庭中に広がるほど。

Data
日照 明るい日陰、半日陰

- ユリ科 ●和名と別名 山百合、ヨシノユリ、ホウライジユリ、シロユリ、エイザンユリ
- 多年草 ●原産地 日本
- 高さ 1.2～2m ●株張り 30～50cm
- 耐暑性 ○ ●耐寒性 ○
- 土の乾湿 適湿 ●観賞期間 花：7～8月

タイワンホトトギス
Tricyrtis formosana

名前は鳥のホトトギスの胸の模様と似ていることに由来。日本特産のホトトギスは庭植えには向かないデリケートな性質。いっぽう、台湾と沖縄・西表島に自生するタイワンホトトギスは地下茎を伸ばして大株になる。可憐な花に秋の風情を漂わせる。日なたでも育つが、明るい日陰や半日陰の湿り気のある場所を好む。

Data
- 日照　明るい日陰、半日陰
- ●ユリ科　●和名と別名　台湾不如帰
- ●多年草　●原産地　日本、中国、台湾　●高さ 60〜80cm
- ●株張り 40〜60cm　●耐暑性 ○　●耐寒性 ◎
- ●土の乾湿　適湿〜湿り気味　●観賞期間　花：9〜10月

シュウメイギク
Anemone hupehensis

秋の日陰の庭を美しく彩る代表。古い時代に中国から渡来した帰化植物。茎が細く、秋の庭に浮かぶように咲く可憐な花だが、生育環境さえ合えば地下茎を伸ばして増える。大株になったら3、4年に一度株分けをするとよい。日陰で有機質を豊富に含む湿った場所を好み、乾燥すると葉が傷み、生育が悪くなるので注意。

Data
- 日照　明るい日陰、半日陰
- ●キンポウゲ科　●和名と別名　秋明菊、キブネギク
- ●多年草　●原産地　中国、台湾　●高さ 0.4〜1.5m
- ●株張り 40〜60cm　●耐暑性 ○　●耐寒性 ◎
- ●土の乾湿　適湿〜湿り気味　●観賞期間　花：9〜10月

ツワブキ
Farfugium japonicum

日本各地の海岸沿いなどに自生。つやのある常緑の葉に、キクに似た黄色い花が映える。耐暑性にすぐれ、土質にもこだわらず、とても丈夫。日なたにも日陰にも適応し、斑入り葉の場合は明るい日陰で葉色がさえる。日本庭園には欠かせないが、最近は落葉樹と合わせたナチュラルな景色をビルの植え込みなどで見るようになった。

Data
- 日照　明るい日陰、半日陰
- ●キク科　●和名と別名　石蕗、ツワ、イシブキ、イソブキ
- ●常緑多年草　●原産地　日本、中国、朝鮮半島
- ●高さ 20〜50cm　●株張り 0.5〜1m
- ●耐暑性 ◎　●耐寒性 ◎　●土の乾湿　乾き気味〜適湿
- ●観賞期間　花：10〜12月　葉：オールシーズン

ギボウシ
Hosta

葉脈の模様が美しく、葉の色と形、斑入りのバリエーションがとても豊富。派手さはないが白～淡い紫色の花が咲き、八重咲きや香りのある品種もある。日本原産の植物なので、日本の気候によく合い、半日陰、日陰の庭に欠かせない。適度な湿り気があれば、土質を選ばず、寒地以外は全国どこでも育ち、病害虫にも強い。数年手を入れず大株になっても草姿は乱れず、むしろ見栄えがよい。多様な品種を組み合わせて利用してもよい。

Data

☀ **日照** 明るい日陰、半日陰

- クサスギカズラ科 ● 和名と別名　ホスタ、ギボシ、ウルイ ● 多年草 ● 原産地　日本、中国、朝鮮半島 ● 高さ　15～70cm
- 株張り 15～70cm ● 耐暑性 ○ ● 耐寒性 ◎
- 土の乾湿　適湿～湿り気味
- 観賞期間　花：6～8月　葉：4月下旬～11月

❶ 'エレガンス'

ペルシカリア
Persicaria microcephala

個性的な色や模様のカラーリーフプランツから、花が楽しめるタイプまで多様。丈夫で生育が旺盛で、年々株が大きくなるため、適度に株分けし、植え替えするとよい。日なたのほうが花つきはよいが、明るい日陰、半日陰でも育ち、水はけのよい湿り気のある場所を好む。とがった葉の形が個性的で、エキゾチックな雰囲気が漂う。ある程度の高さになると横に広がるので、ほかのタイプと同様にグラウンドカバーになる。

Data

☀ **日照** 明るい日陰、半日陰

- タデ科 ● 和名と別名　タデ
- 多年草 ● 原産地　ヒマラヤ
- 高さ　0.5～1m ● 株張り　約1m
- 耐暑性 ◎ ● 耐寒性 ◎
- 土の乾湿　適湿～湿り気味
- 観賞期間　花：4～11月

中景になる植物

クジャクシダ
Adiantum pedatum

個性的な草姿は、クジャクが羽を広げたかのよう。軽やかなシダで、新葉は赤みを帯び、しだいに明るい緑色に変わる。湿り気のある暗い日陰や明るい日陰の環境が適し、日差しに当たるとすぐに葉が傷んでしまう。乾燥を嫌うので、腐葉土など有機質をたくさんすきこんだ保湿性の高い土に植えるとよい。植物のバリエーションが限られる暗い日陰で活躍する。数種類のシダ類を常緑樹の足元に集めて植えれば、野趣あふれる空間になる。

Data
- 日照 暗い日陰、明るい日陰
- ホウライシダ科　● 和名と別名　孔雀羊歯、クジャクソウ　● 多年草　● 原産地　日本、東アジア、北アメリカ　● 高さ 30〜50cm
- 株張り 30〜60cm　● 耐暑性 ○　● 耐寒性 ◎
- 土の乾湿　適湿〜湿り気味
- 観賞期間　葉：4〜11月

クサソテツ
Matteuccia struthiopteris

葉の形がソテツに似ることから、和名は「草蘇鉄（クサソテツ）」。くるりと先が巻いた若芽はかがんでいるように見えるため「コゴミ」と呼ばれ、山菜として食用になる。地下茎を盛んに伸ばして増え、生長も早く、明るい緑色の葉があふれるように広がる。水はけのよい湿った場所に自生するため、直射日光を避け、乾燥にも注意する。春は小球根や山野草の花との相性がよく、夏から秋はギボウシやインパチェンスなどとの相性もいい。

Data
- 日照 暗い日陰、明るい日陰
- コウヤワラビ科　● 和名と別名　草蘇鉄、コゴミ、コゴメ、ガンソク　● 多年草　● 原産地　日本、ヨーロッパ、北アメリカ　● 高さ 0.8〜1m
- 株張り 0.8〜1m　● 耐暑性 ◎
- 耐寒性 ◎　● 土の乾湿　適湿〜湿り気味
- 観賞期間　葉：4〜12月

コリウス
Coleus

花が少なくなる夏に、晩秋にも色鮮やかなカラーリーフとして活躍する。かつては種から育てる小柄な品種が主だったが、近年、挿し木で増やす栄養系の大型のタイプが出回り、葉色はさらに豊富になった。日なたでも育つが、発色のいい葉色にするには、明るい日陰または半日陰が適している。苗は何度か摘芯を繰り返すと、枝分かれしてこんもり茂り、花穂は摘み取ると葉が際立つ。花を咲かせずに育てると葉の観賞期間が長くなる。

Data
☀ **日照　明るい日陰、半日陰**
- シソ科　●和名と別名　キンランジソ、ニシキジソ
- 一年草扱い　●原産地　東南アジア
- 高さ　0.2〜1m　●株張り　30〜70cm
- 耐暑性　○　●耐寒性　△
- 土の乾湿　適湿
- 観賞期間　葉：4〜11月

❶'ゴリラ'　❷'キャンプ・ファイヤー'　❸'ムーンライト'

ベニシダ
Dryopteris erythrosora

新芽が紅葉したように赤いため名がついた。新緑の春の庭で、きれいな赤銅色の葉色が映え、葉はしだいに明るいライムグリーンに変化する。常緑なので一年中グラウンドカバーとして使えて、夏や秋に出る赤い新芽が混ざったときも、また美しい。丈夫で、ほかのシダ類に比べて乾燥した場所でも育つが、有機質を含む湿り気のある土に植えるとよい。春にきれいに赤く発色させるためには、ある程度明るさのある日陰に植えたほうがよい。

Data
☀ **日照　暗い日陰、明るい日陰、半日陰**
- オシダ科　●和名と別名　紅羊歯
- 常緑多年草　●原産地　日本、中国、朝鮮半島
- 高さ　40〜70cm　●株張り　40〜70cm
- 耐暑性　◎　●耐寒性　◎
- 土の乾湿　適湿〜湿り気味
- 観賞期間　葉：オールシーズン

マンリョウ
Ardisia crenata

正月の縁起物として古くから親しまれ、江戸時代には多くの園芸品種が作られた。斑入り葉などは実がない時期も観賞価値が高い。日本の暖地の林床などに自生し、野鳥が運んで自然に生えることがよくある。丈夫で放任で育つが、強い西日が当たると葉色が悪くなるので注意。日陰の環境と、有機質に富んだ土を好む。

Data
- 日照 暗い日陰、明るい日陰、半日陰
- サクラソウ科 ●和名と別名 万両 ●常緑低木
- 原産地 東アジア、東南アジア、インド ●高さ 0.4～1m
- 株張り 30～60cm ●耐暑性 ◎ ●耐寒性 ○
- 土の乾湿 適湿～湿り気味
- 観賞期間 実：11～1月 葉：オールシーズン

ヤブコウジ
Ardisia japonica

常緑の葉に赤い実をつける正月の縁起物で、別名は「十両」。江戸時代は園芸ブームに乗り、明治時代には投機の対象になった。さまざまな葉の形があり、黄色や白い斑入り葉もある。日陰で育ち、丈夫で栽培しやすいため、現在では盆栽以外に観葉植物として人気が高く、寄せ植えにもなる。直射日光に当てると葉色が悪くなる。

Data
- 日照 暗い日陰、明るい日陰、半日陰
- サクラソウ科 ●和名と別名 藪柑子、ジュウリョウ
- 常緑低木 ●原産地 日本、朝鮮半島、中国など
- 高さ 10～30cm ●株張り 20～30cm ●耐暑性 ◎
- 耐寒性 ○ ●土の乾湿 適湿～湿り気味
- 観賞期間 実：11～2月 葉：オールシーズン

カラタチバナ
Ardisia crispa

正月の縁起物。江戸時代に斑入り葉が大流行し、百両単位で取引されたことにより、別名は「百両」。赤い実のほか、白実や黄実もある。各地の林床などに自生するので、冬の寒風と直射日光が当たらない日陰向き。有機質に富む土壌ならばとくに施肥も必要なく、丈夫に育つ。コンパクトなサイズなので鉢植えでも育てやすい。

Data
- 日照 暗い日陰、明るい日陰、半日陰
- サクラソウ科 ●和名と別名 百両 ●常緑多年草
- 原産地 日本、中国、台湾 ●高さ 20～50cm
- 株張り 20～30cm ●耐暑性 ◎ ●耐寒性 ○
- 土の乾湿 湿り気味
- 観賞期間 実：11～12月 葉：オールシーズン

スノードロップ
Galanthus

雪国では雪どけとともに咲き、春を告げる花。スノードロップの仲間は約15種類あり、日本でよく知られているのが英名ジャイアント・スノードロップ。落葉してから芽吹きのころまで日当たりがよく、開花後には半日陰になる場所が植栽に最適。6月ごろには地上部は枯れて休眠する。乾燥と多湿を嫌うため、水はけがよく有機質たっぷりの土に植え、西日は避ける。同じく落葉樹下に自生するクリスマスローズなどと合わせるとよい。

> **Data**
> ☀ **日照** 半日陰
> - ヒガンバナ科 ● 和名と別名 マツユキソウ、ガランサス ● 多年草 ● 原産地 東ヨーロッパ
> - 高さ 5〜30cm ● 株張り 10cm
> - 耐暑性 ○ ● 耐寒性 ◎
> - 土の乾湿 適湿〜乾燥気味
> - 観賞期間 花：2〜3月

ニリンソウ
Anemone flaccida

1本の茎から2輪ずつ咲くことから、名前がついた。平地から山地の林床や周辺で、水はけのよい湿潤な場所に自生する。いわゆるスプリング・エフェメラル（春の妖精）とよばれるもののひとつで、4〜5月に開花したあと、夏には姿を消して休眠する。冬から開花までは日なたで育てたいので、夏には明るい日陰、半日陰になる落葉樹下が最適。有機質を含んだ土に植えるとよく増える。イチリンソウによく似て、ともにアネモネの仲間。

> **Data**
> ☀ **日照** 明るい日陰、半日陰
> - キンポウゲ科 ● 和名と別名 二輪草
> - 多年草 ● 原産地 日本、中国、朝鮮半島など
> - 高さ 10〜20cm ● 株張り 15〜30cm
> - 耐暑性 △ ● 耐寒性 ◎
> - 土の乾湿 適湿〜乾き気味
> - 観賞期間 花：4〜5月

クリスマスローズ
Helleborus

花が少ない冬から春にかけて庭を彩り、「冬の貴婦人」と呼ばれる。花はとても長もちし、スイセンなどが咲き始めると、さらに華やぐ。冬から芽吹きの時期までは日が当たる落葉樹の下がベストの環境だが、ビルの植え込みなど日陰にもよく使われる。環境に順応しやすく、とても丈夫。排水性、保水性のよい土に植えるとよい。

> **Data**
> ☀ 日照 明るい日陰～半日陰
> ● キンポウゲ科 ● 和名と別名 雪起こし、ヘレボルス、レンテンローズ ● 常緑多年草 ● 原産地 ヨーロッパ ● 高さ 25～50cm ● 株張り40～50cm ● 耐暑性 ○ ● 耐寒性 ◎ ● 土の乾湿 適湿 ● 観賞期間 花：1～4月

レンテンローズ

宿根イベリス
Iberis sempervirens

茎が横に広がり、株を覆うように一面に花が咲き、シバザクラのようにグラウンドカバーにもなる。丈夫で放任で株が育ち、花後は剪定して株を整えると、グリーンとしても使える。本来日なたを好むが、夏場の高温多湿を嫌うため、西日は避けて、風通しのいい半日陰に植えると夏越ししやすい。石を組んだロックガーデンにも向く。

> **Data**
> ☀ 日照 半日陰
> ● アブラナ科 ● 和名と別名 イベリス・センペルビレンス、トキワナズナ、マガリバナ ● 常緑多年草 ● 原産地 地中海沿岸 ● 高さ 約15cm ● 株張り 15～30cm ● 耐暑性 ◎ ● 耐寒性 ◎ ● 土の乾湿 適湿～乾燥気味 ● 観賞期間 花：4～6月 葉：オールシーズン

ガーデンシクラメン
Cyclamen

耐寒性のある原種シクラメンを中心につくられた小型のもの。一般的には冬は室内管理するが、暖地ならば地植えできる。花が少ない時期に色鮮やかな花を咲かせ、八重咲きやフリルのタイプもある。丈夫で長期間咲き、夏には地上部が枯れて休眠する。土を盛り上げて通気をよくして植え、休眠期間には涼しい半日陰の環境が理想的。

> **Data**
> ☀ 日照 明るい日陰、半日陰
> ● サクラソウ科 ● 和名と別名 カガリビバナ、ブタノマンジュウ ● 多年草 ● 原産地 北アフリカ～中近東、ヨーロッパの地中海沿岸 ● 高さ 10～70cm ● 株張り 30cm ● 耐暑性 ○ ● 耐寒性 ○ ● 土の乾湿 乾き気味 ● 観賞期間 花：10～4月

アジュガ
Ajuga

ランナーを伸ばして地面を覆うように葉を広げ、春に花穂を立ち上げて、紫色の花を咲かせる。ピンクや白の花色もある。濃色の緑から、寒さや強い日差しでブロンズ色に変わる葉色のほか、多様な葉色の園芸品種がある。土の乾湿など環境の変化に対応しやすく、コンクリート塀やレンガ敷きスペースの間などにも向く。水はけが悪い温暖地では、強い日差しに当たると葉焼けをすることがあり、半日陰で育てたほうが安心。

Data
- 日照 **明るい日陰、半日陰**
- シソ科　●和名と別名　セイヨウキランソウ
- 常緑多年草　●原産地　ヨーロッパ
- 高さ 20cm　●株張り 30cm
- 耐暑性 ○　●耐寒性 ◎
- 土の乾湿　適湿〜湿り気味
- 観賞期間　葉：一年中　花：4〜5月

アマドコロ
Polygonatum odoratum var. pluriflorum

可憐な雰囲気を漂わせる山野草。みずみずしい緑色の葉をつけ、弓形に曲がる茎には小さな花を連ねる。日本各地の山地に自生し、新芽は山菜として食用になるが、果実は有毒。とても丈夫で、日陰に植えた株は夏の間もみずみずしい葉を保ち続け、群生させると葉の美しさが際立つ。斑入り葉のタイプが出回っている。有機質に富んだ水はけのよい土を好むが、日なたでも、明るい日陰でも適応し、乾燥した場所でも育つ。

Data
- 日照 **明るい日陰、半日陰**
- クサスギカズラ科　●和名と別名　鳴子蘭（ナルコラン）　●多年草　●原産地　日本、朝鮮半島、中国
- 高さ 30〜60cm　●株張り 30〜50cm
- 耐暑性 ○　●耐寒性 ◎
- 土の乾湿　適湿
- 観賞期間　花：5月　葉：5〜10月

前景になる植物

プルモナリア
Pulmonaria

独特な銀灰色から、緑色の葉、斑入りなどもあって葉色が多彩。日陰を彩るグリーンとしても活躍する。周囲の植物が動き始める前に花茎を伸ばし、霜や凍結で傷むことはほとんどない。早春から咲き始めて、しだいに葉も大きく展開する。花色は鮮やかな青、ピンク、白のほか、ピンクから青に変化するものもある。高温と乾燥に弱く、開花までは日当たりがよく、その後は日陰になる落葉樹下の環境が最適。品種や場所によっては常緑となる。

Data
☀ **日照　明るい日陰、半日陰**
- ムラサキ科　● 和名と別名　ラングワート
- 多年草　● 原産地　ヨーロッパ、バルカン半島
- 高さ　30〜40cm　● 株張り　30〜50cm
- 耐暑性　△　● 耐寒性　◎
- 土の乾湿　適湿〜湿り気味
- 観賞期間　花：2〜5月

'サムライ'

フロックス・カロライナ
'ビルベイカー'
Phlox carolina 'Bill Baker'

フロックスには多くの種類があり、ほふくして一面に花を咲かせるシバザクラ、切り花でも出回る夏咲きの別名オイランソウもその仲間。フロックス・カロライナ'ビルベイカー'は、やや細い茎に花をちりばめ、丈夫でよく増え、群生するタイプ。一般的な夏咲きより開花が早く、新緑を背景に満開になる。まとめて咲かせても、草花と混植しても持ち味を発揮する。開花が一度ピークを迎えても、切り戻しをするとまた花をつけ、長く楽しめる。

Data
☀ **日照　半日陰**
- ハナシノブ科　● 和名と別名　フロックス
- 多年草　● 原産地　北アメリカ、シベリア
- 高さ　約40cm　● 株張り　30〜50cm
- 耐暑性　○　● 耐寒性　◎
- 土の乾湿　適湿〜乾き気味
- 観賞期間　花：4〜5月

スイセン
Narcissus

ラッパズイセン、八重咲きスイセン、房咲きスイセンなど、イギリスで品種改良された多くの園芸品種がある。日本では野生状態のニホンズイセンの名所が点在する。日なたを好むが、丈夫で半日陰でも育つ。ただし、日差しが不足すると徒長して花つきが悪くなる。水はけがよく、保湿性のある通気のよい土に植えるとよい。

Data
- 日照 **半日陰**
- ●ヒガンバナ科 ●和名と別名 ニホンズイセン、セッチュウカ
- ●多年草 ●原産地 地中海沿岸 ●高さ 10〜50cm
- ●株張り 20〜40cm ●耐暑性 ○ ●耐寒性 ◎
- ●土の乾湿 適湿〜乾き気味 ●観賞期間 花:11〜4月

ニホンズイセン

イカリソウ
Epimedium grandiflorum var. *thunbergianum*

ユニークな花の形を錨（いかり）にたとえて名づけられた。淡いピンクの花も美しいが、芽吹いたばかりは黄緑色、夏は濃い緑色、秋以降は紅葉し、葉も観賞価値がある。午前中は日が差す半日陰、または明るい日陰の環境を好み、日差しが強いと葉焼けを起こすので、落葉樹の下などが最適。乾燥を嫌うため腐葉土をすきこむとよい。

Data
- 日照 **明るい日陰、半日陰**
- ●メギ科 ●和名と別名 錨草、碇草、インヨウカク、サンシクヨウソウ ●多年草 ●原産地 日本、中国、地中海沿岸
- ●高さ 15〜40cm ●株張り 15〜25cm ●耐暑性 ◎
- ●耐寒性 ◎ ●土の乾湿 適湿〜乾き気味
- ●観賞期間 花:4月 葉:4〜11月

ハナニラ
Ipheion uniflorum

植えっ放しでも春になると星形の花を咲かせ、花壇の隅や道端で見かける。花色はさわやかな白や紫色など。花を摘んだり、葉を切ったりするとネギ臭がするため、名前がついた。ほかに藤色やピンク、黄色い花が咲くタイプもあり、開花期は前後する。日なたでも半日陰でも育ち、乾燥にも耐えられるので、厳しい環境でも使いやすい。

Data
- 日照 **半日陰**
- ●サクラソウ科 ●和名と別名 花韮、イフェイオン・ユニフロルム
- ●多年草 ●原産地 南アフリカ ●高さ 15〜25cm
- ●株張り 10〜20cm ●耐暑性 ◎ ●耐寒性 ○
- ●土の乾湿 適湿〜乾き気味 ●観賞期間 花:3〜4月

イングリッシュ・ブルーベル
Hyacinthoides non-scripta

細い花穂にブルーの花が下がり、可憐な姿。水はけがよければ明るい日陰、半日陰でも場所を選ばず、植えっ放しで毎年咲く。4〜5月の開花が終わり、7月になると地上部がなくなるため、落葉樹の下などの適地に群生することがある。鉢植えの場合は株分けをしないと咲かなくなるので注意。同じヒアシンソイデス属のスパニッシュ・ブルーベルと2種がおもに栽培され、園芸品種がある。シラー・ノンスクリプタの名で出回ることもある。

Data
- 日照 明るい日陰、半日陰
- キジカクシ科 ●和名と別名 シラー・ノンスクリプタ ●多年草 ●原産地 地中海沿岸
- 高さ 20〜40cm ●株張り 約30cm
- 耐暑性 ◎ ●耐寒性 ◎
- 土の乾湿 適湿〜湿り気味
- 観賞期間 花：4〜5月

ワスレナグサ
Myosotis

もともとは多年草だが、暑さに弱く夏越しが難しいため、寒冷地を除いた日本では秋まきの一年草扱いになる。仲間のひとつ、よく花壇などで見かけるエゾムラサキは、高原の湿地などで野生化している。もともと日なたを好むが、落葉樹の下は冬の間じゅう日なたになるため、秋に種をまくのに最適。また、花つきの苗を春に植えつける場合も半日陰の環境で咲く。根を傷めてしまうと長もちしないので、植えつける場合はよく注意する。

Data
- 日照 半日陰
- ムラサキ科 ●和名と別名 忘れな草、エドムラサキ、フォーゲットミーノット
- 一年草または多年草 ●原産地 世界の温帯
- 高さ 10〜50cm ●株張り 約30cm
- 耐暑性 △ ●耐寒性 ○
- 土の乾湿 適湿 ●観賞期間 花：4〜5月

アリウム・トリケトラム
Allium triquetrum

大型のギガンチウムのようなタイプもあり、アリウムは種類が多い。トリケトラムは白く清楚な花だが、その印象に反して繁殖力が旺盛で手入れをしなくても毎年咲き、増えすぎて抜き取ることがあるほど。地中海地方の森林や湿った草原が自生地で、半日陰でも育つ。アメリカ西海岸、イギリスやオーストラリアでは帰化している。ネギの仲間で、ハーブとして食用にもなり、茎を切ると断面が三角形のため、別名はミツカド（三角）ネギ。

Data
☀ **日照　半日陰**

- ネギ科　● 和名と別名　ミツカドネギ
- 多年草　● 原産地　地中海沿岸
- 高さ　20〜60cm　● 株張り　20〜40cm
- 耐暑性　○　● 耐寒性　◎
- 土の乾湿　適湿〜湿り気味
- 観賞期間　花：4〜6月

ヤマシャクヤク
Paeonia japonica

野生のシャクヤクで、白い一重咲き。開花後、数日で散ってしまうが、夏に果実が実り、茶花として好まれている。深い山や森の林床に自生する山野草なので、日陰または常緑樹の下などに植え、1年を通して日陰が最適。強い日差しは葉焼けを起こし、多湿や乾燥も嫌うため、水はけがよく、ほどよく水分を含む有機質たっぷりの腐葉土に植える。花後に種をつけると力を使うので、株を充実させるには、花後に花がらを切るとよい。

Data
☀ **日照　明るい日陰、半日陰**

- ボタン科　● 和名と別名　山芍薬
- 多年草　● 原産地　日本、韓国
- 高さ　30〜60cm　● 株張り　30cm
- 耐暑性　○　● 耐寒性　○
- 土の乾湿　適湿〜湿り気味
- 観賞期間　花：4月中旬〜5月

ヒメウツギ
Deutzia gracilis

名前はあまり大きくならないウツギの仲間という意味。枝を横に広げ、白い清楚な花をちりばめる。穂のように集まった花はやや下を向いて咲き、花が咲き終わると茎を垂らし、ほふくして横に伸びる。とても丈夫で日なたでも、半日陰でも、日照環境にこだわらず放任で育つ。よく分枝してこんもりとまとまる樹形も、白い花色も、周囲の植物と調和しやすく、和風、洋風にこだわらずナチュラルな雰囲気をつくり出す。

Data
- 日照　半日陰
- アジサイ科　●和名と別名　姫空木
- 落葉低木　●原産地　日本
- 高さ　30〜50cm　●株張り　30〜50cm
- 耐暑性　◎　●耐寒性　○
- 土の乾湿　適湿〜乾き気味
- 観賞期間　花：4〜5月

ケマンソウ
Dicentra spectabilis

ハートを連ねたような個性的な姿が特徴。花も葉もみずみずしく、ソフトな質感。花色はピンクと白で、葉はボタンの葉の形に似る。長い花茎を釣りざおに見立てた名前が別名の「タイツリソウ」。開花は4〜5月で、夏以降は地上部が枯れて休眠する。午前中に日が差す半日陰、または明るい日陰を好み、夏の暑さや乾燥に弱いため、落葉樹の下が最適。根がとても長く伸びるため、深く耕して腐葉土をたっぷりすきこむ。

Data
- 日照　明るい日陰、半日陰
- ケマンソウ科　●和名と別名　華鬘草、タイツリソウ、フジボタン、ヨウラクボタン　●多年草
- 原産地　中国、朝鮮半島　●高さ　約30cm
- 株張り　30〜50cm　●耐暑性　○
- 耐寒性　◎　●土の乾湿　適湿〜湿り気味
- 観賞期間　花：4〜5月

ユキノシタ
Saxifraga stolonifera

湿り気のある日陰によく自生する。常緑の葉は火傷や熱冷ましなどの民間薬として利用され、庭先に植えられてきた。白く繊細な小花が咲き、葉は丸くフリルがあり、葉脈の模様が独特。黄緑色や斑入り葉もある。親株の根元からランナーを出して増え、暗い日陰で育つ貴重な下草。日が当たると葉焼けをするので注意。

Data
- **日照　暗い日陰、明るい日陰、半日陰**
- ●ユキノシタ科　●和名と別名　雪の下　●多年草
- ●原産地　日本、中国
- ●高さ　約20cm　●株張り　20～30cm
- ●耐暑性　○　●耐寒性　◎　●土の乾湿　適湿～湿り気味
- ●観賞期間　花：5～7月　葉：オールシーズン

シャガ
Iris japonica

日本各地の低地や森林、里山などによく見られる。つやのある濃い緑色の葉に白い花が印象的。白い花は青紫色と黄色の模様が少しずつ入り清楚。長い地下茎を伸ばして生長するので、よく群落ができる。暗い日陰でも育つが、暗すぎると花つきが悪くなる。適度に湿度を保つ水はけのよい土に植えること以外、放任で丈夫に育つ。

Data
- **日照　暗い日陰、明るい日陰**
- ●アヤメ科　●和名と別名　射干、コチョウカ　●常緑多年草
- ●原産地　中国、ミャンマー　●高さ　30～50cm
- ●株張り　30～50cm　●耐暑性　○　●耐寒性　◎
- ●土の乾湿　適湿～湿り気味　●観賞期間　花：4～5月

ドクダミ
Houttuynia cordata

道端や庭の隅でよく見かける。「十薬（ジュウヤク）」の名で高血圧や動脈硬化予防の生薬に、乾燥させてドクダミ茶にする。全草に強い臭いがあるが、梅雨時に咲く白い花はすがすがしい。園芸品種には八重咲き、斑入り葉もある。地下茎で広がり、グラウンドカバーになる強い繁殖力。日なた、日陰を問わず、乾燥地、湿地でも育つ。

Data
- **日照　明るい日陰、半日陰**
- ●ドクダミ科　●和名と別名　ジュウヤク、ドクダメ、フィッシュミント
- ●多年草　●原産地　アジア、アフリカ　●高さ　20～40cm
- ●株張り　50cm　●耐暑性　◎　●耐寒性　○
- ●土の乾湿　適湿～湿り気味　●観賞期間　花：5～6月

トレニア
Torenia

初夏から秋まで花期が長く、耐陰性があるため、日なたでも、半日陰でも育つ。花がら摘みや切り戻しをすると、つぎつぎに花を咲かせる。一般的なトレニア・フルニエリの花色はピンクや紫系のパステルカラーが豊富で、半日陰の庭に華やかさを運ぶ。夏の強い日差しに弱いため、庭植えは西日の当たらない半日陰が適している。ほふく性のタイプで、室内に取り込むと冬越しできるものもなかにはあるが、一般的には一年草扱い。

Data
☀ 日照　半日陰

- アゼトウガラシ科　● 和名と別名　ナツスミレ、ハナウリグサ　● 一年草、多年草
- 原産地　東南アジア　● 高さ 20～30cm
- 株張り 20～30cm　● 耐暑性 ○　● 耐寒性 △
- 土の乾湿　適湿～湿り気味
- 観賞期間　花：5～10月

宿根ネメシア
Nemesia

カラフルな色がそろう一年草のネメシアが一般的だったが、最近、四季咲き性の強い多年草のネメシアが出回るようになった。本来は日なたを好むが、夏場に風通しのいい半日陰などで管理すると秋からまた開花する。ある程度の耐寒性もあり、鉢植えにすると移動して管理しやすい。一年草は赤、黄、青、白などの鮮明な花色があり、多年草はピンク、青、白。花が咲き終わったら、わき芽のある部分で切り戻すとたくさんの花が楽しめる。

Data
☀ 日照　半日陰

- ゴマノハグサ科　● 和名と別名　ウンランモドキ
- 一年草、多年草　● 原産地　南アフリカ
- 高さ 10～30cm　● 株張り 20～30cm
- 耐暑性 △　● 耐寒性 ○
- 土の乾湿　乾き気味～適湿
- 観賞期間　花：10～6月

セイヨウオダマキ
Aquilegia

多様な園芸品種があり、八重咲き品種も出回る。交雑しやすい性質のため、花色も多彩。日なたを好むが、暑さに弱いので風通しがよく、午前中は日なた、午後は明るい日陰が最適。水はけのよい土を好むので、少し盛り土をするとよい。種をつけない場合は、花が咲き終わったら1輪ずつこまめに摘むと、次の花が咲きやすくなる。

Data
- ☀ 日照　半日陰
- ●キンポウゲ科　●和名と別名　西洋苧環、アクイレギア
- ●多年草　●原産地　北半球　●高さ　30〜50cm
- ●株張り　15〜20cm　●耐暑性　○　●耐寒性　◎
- ●土の乾湿　適湿〜乾き気味　●観賞期間　花：5〜6月

ミヤコワスレ
Miyamayomena

原種は日本に自生するミヤマヨメナ。江戸時代から改良されてきた園芸品種。本来は日なたを好むが、暑さを嫌うため夏に半日陰になる場所が適している。鉢植えならば移動する。花が咲き終わったら花茎を切っておくと、その後ロゼット状になり、夏越しする。水はけのよい土を好むため、水はけが悪い場合は腐葉土を混ぜ込む。

Data
- ☀ 日照　半日陰
- ●キク科　●和名と別名　都忘れ、ミヤマヨメナ　●多年草
- ●原産地　東アジア　●高さ　20〜30cm　●株張り　約20cm
- ●耐暑性　△　●耐寒性　◎
- ●土の乾湿　適湿〜湿り気味　●観賞期間　花：4〜6月

インパチェンス
Impatiens walleriana

初夏から秋まで毎日咲き続ける。一重咲きが一般的だが、バラ咲きの八重品種は人気が高く、花色も多彩。葉は斑入りもある。庭植えは明るい日陰、西日が当たらない半日陰が適して、日陰の玄関先などでよく見かける。株が大きく生長するので株間を空けて植えつけ、庭植えでも水切れ、肥料切れには注意する。

Data
- ☀ 日照　明るい日陰、半日陰
- ●ツリフネソウ科　●和名と別名　アフリカホウセンカ、ビジーリジー　●一年草　●原産地　アフリカ東部　●高さ　15〜40cm
- ●株張り　20〜30cm　●耐暑性　△　●耐寒性　△
- ●土の乾湿　適湿〜湿り気味　●観賞期間　花：5〜10月

コンギク
Aster microcephalus var. *ovatus* 'hortensis'

日本各地の草原などで見られるノギクのひとつ、ノコンギクの選抜品種。古くから観賞用に栽培されてきた。ノコンギクより色が深く、キクよりもナチュラルな雰囲気があり、花が少なくなった秋の庭を彩る。暑さ、寒さに強く、日なたでも半日陰でもよく育つ。腐葉土をたっぷり入れて植え込み、3〜4年ごとに株分けをするとよい。

Data
- 日照 半日陰
- キク科 ●和名と別名 紺菊 ●多年草 ●原産地 日本
- 高さ 0.5〜1m ●株張り 30〜50cm
- 耐暑性 ◎ ●耐寒性 ◎
- 土の乾湿 適湿 ●観賞期間 花：9〜11月

ラミウム
Lamium

日本の野山に自生するホトケノザ、オドリコソウの仲間。地面をはうように広がり、グラウンドカバーによく利用される。黄葉、銀葉、斑入り葉があり、初夏にはピンク、白、黄色の花が咲く。水はけのよい場所に植え、強い日差しには注意する。銀葉は半日陰の日照が必要。蒸れないように、夏場は古い葉を切り戻すとよい。

Data
- 日照 明るい日陰、半日陰
- シソ科 ●和名と別名 オドリコソウ ●多年草
- 原産地 ヨーロッパ、北アフリカ、西アジア ●高さ 20〜40cm
- 株張り 20〜30cm ●耐暑性 △ ●耐寒性 ◎
- 土の乾湿 適湿 ●観賞期間 花：5〜6月 葉：オールシーズン

ラミウム・マクラツム

フッキソウ
Pachysandra terminalis

春に咲く白い花は地味でめだたないが、光沢のある濃緑色の葉を一年中きれいに保つ。常緑でよく茂ることから「富貴草」の名がついた。放任にしてもよく育つが、傷んだら切り戻しをするとよく枝分かれして、またきれいな葉を出す。街路樹の株元や日陰の植え込みなどに最近よく使われ、日陰のグラウンドカバーとして重宝する。

Data
- 日照 暗い日陰、明るい日陰、半日陰
- ツゲ科 ●和名と別名 富貴草、キッショウソウ ●常緑多年草 ●原産地 日本、中国 ●高さ 20〜30cm
- 株張り 30〜40cm ●耐暑性 ◎ ●耐寒性 ◎
- 土の乾湿 乾き気味 ●観賞期間 花：4月 葉：オールシーズン

グレゴマ
Glechoma

日本にも自生し、和名の「垣通し」は垣根を潜り抜けていくという意味。常緑の多年草で節から根を出し、わき芽も伸びて旺盛に繁殖する。もっとも使われているのは、セイヨウカキドオシの斑入り葉品種。日なたから明るい日陰まで使え、グラウンドカバーや壁面緑化などにも利用される。水分を好むので乾燥には注意し、不要な部分を間引いて数年に1度植え直しながら管理するとよい。つるの節から発根するので切り分けて増やせる。

Data
日照 明るい日陰、半日陰

- シソ科 ● 和名と別名 カキドオシ、グラウンドアイビー ● 多年草 ● 原産地 ヨーロッパ、東アジア ● 高さ 10〜20cm
- 株張り 30〜50cm ● 耐暑性 ◎
- 耐寒性 ◎ ● 土の乾湿 適湿〜乾き気味
- 観賞期間 葉：オールシーズン

ヒューケラ
Heuchera

さまざまな葉色が魅力的。密に茂る葉は寄せ植えや、狭いスペースの植え込みなどにも重宝する。常緑で一年中コンパクトな姿を保ち、夏にはピンク、白、赤などの小花が咲く。日陰でもよく育つが、品種によって夏の直射日光で葉焼けすることがあり、腐葉土でマルチングするとよい。また、水はけのよい土を好むので、腐葉土を土にすきこんでおく。鉢植えは1〜2年で植え替えし、庭植えは混み具合を見て、株分けや植え直しをする。

Data
日照 明るい日陰、半日陰

- ユキノシタ科 ● 和名と別名 ツボサンゴ コーラルベル ● 常緑多年草 ● 原産地 北アメリカ、メキシコ
- 高さ 20〜30cm ● 株張り 30〜40cm
- 耐暑性 ○ ● 耐寒性 ◎
- 土の乾湿 適湿〜湿り気味
- 観賞期間 花：6〜7月 葉：オールシーズン

前景になる植物

ユーフォルビア
Euphorbia

耐暑性はあるが多湿には弱く、水はけのよい土に植える。どんな日照環境にも適応し、強い日差しや乾燥にも強いが、半日陰でも育つ。ただし、日なたのほうが花はつく。蒸れや根腐れに注意して、用土は山野草向けやサボテン向けの水はけのよいものを使い、土を盛り上げたり、石を積んで植え込んだりするとよい。花が咲き終わったら株元から切り取り、地際から出る若い芽を育て、株を更新する。

> **Data**
> ☀ 日照　半日陰
> ● トウダイグサ科　● 和名と別名　トウダイグサ
> ● 一年草、多年草、低木
> ● 原産地　地中海沿岸が多い
> ● 高さ　0.1〜1m　● 株張り　30〜50cm
> ● 耐暑性 ◎　● 耐寒性 ◎　● 土の乾湿　乾き気味
> ● 観賞期間　花：4〜7月　葉：オールシーズン

❶ 'ダイアモンド・フロスト'　❷ 'ブラック・パール'　❸ 'フェンス・ルビー'

ロータス・ヒルスタス 'ブリムストーン'
Lotus hirsutus 'Brimstone'

綿毛におおわれたやわらかく小さな葉が並ぶ。ソフトなシルバーリーフで、先端はクリーム色。切り戻すと新芽が黄色く色づき、初夏には茎の先端に白い小花が咲いて、表情が豊か。水はけのよい場所であれば、明るい日陰や半日陰でも育つ。梅雨時などに株が蒸れて枯れ込んだときは、切り戻しをすると1か月ほどで新芽が出てくる。使い勝手がよく、用途は花壇のボーダー、エントランス、鉢植えなど。切り花用としても出回っている。

> **Data**
> ☀ 日照　明るい日陰、半日陰
> ● マメ科
> ● 常緑多年草　● 原産地　地中海沿岸
> ● 高さ　30〜50cm　● 株張り　30〜40cm
> ● 耐暑性 ◎　● 耐寒性 ○
> ● 土の乾湿　乾き気味〜適湿
> ● 観賞期間　花：6〜10月　葉：オールシーズン

イワミツバ
Aegopodium podagraria

斑入り葉の園芸品種が出回っている。日陰のグラウンドカバー、樹木の下などに利用すると、庭が明るくなる。軽やかな葉は周りの植物の引き立て役になり、植物の間を埋めたり、目隠しに使ったりするのに便利。地下茎を伸ばして広がり、生育は旺盛で冬は地上部が枯れて休眠する。日陰を好み、強い日差しに当たると葉焼けをする。

Data
☀ 日照　半日陰
- セリ科　●和名と別名　エゴポディウム　●多年草
- 原産地　ヨーロッパ　●高さ　30〜80cm
- 株張り　0.3〜1m　●耐暑性　○　●耐寒性　◎
- 土の乾湿　適湿〜湿り気味
- 観賞期間　花：6月　葉：4〜10月

ムラサキミツバ
Cryptotaenia japonica f.atropurpurea

マットな質感の銅葉は、植栽に立体感を出し、鮮やかな緑色の葉色の引き立て役としても重宝。寄せ植えなどにもよく使われる。いわゆるミツバの銅葉品種で、若葉は香りもよく、料理に利用できる。とても丈夫で植栽は日なたでも、半日陰でも。植えつけ後は放任で育ち、こぼれ種で増えて自然にグラウンドカバーにもなる。

Data
☀ 日照　半日陰
- セリ科　●和名と別名　紫三つ葉、クロミツバ、アカバミツバ
- 多年草　●原産地　東アジア　●高さ　約50cm
- 株張り　約50cm　●耐暑性　◎　●耐寒性　◎
- 土の乾湿　適湿〜湿り気味　●観賞期間　葉：4〜11月

ニシキシダ
Athyrium niponicum f.metallicum

日本に広く自生するイヌワラビから選抜された。緑、ピンク、紫、シルバーが混ざった華やかなで美しい色合いの園芸品種などがある。とても丈夫だが、直射日光が当たって乾燥すると葉先が傷むのでマルチングが有効。気温が高くなると葉色がぼやけてくる。冬は地上部がなくなるので、常緑のものと合わせて植えるとよい。

Data
☀ 日照　明るい日陰、半日陰
- イワデンダ科　●和名と別名　錦羊歯　●多年草
- 原産地　日本　●高さ　30〜45cm
- 株張り　40〜50cm　●耐暑性　◎　●耐寒性　◎
- 土の乾湿　適湿〜湿り気味　●観賞期間　葉：5〜10月

前景になる植物

ヤブラン
Liriope muscari

日本各地の林床などで見られる常緑多年草。日なたから日陰までどんな環境にも適応し、丈夫で手がかからないため、都市緑化などに利用されてきた。夏から秋に小さな青紫色の花を咲かせ、やがて黒くて光沢がある実をつける。つやのある革質の細い葉は、濃い緑色や黄色い斑入り品種などがある。

Data
- 日照 暗い日陰、明るい日陰
- キジカクシ科 ●和名と別名 藪蘭、リリオペ、サマームスカリ
- 常緑多年草 ●原産地 日本、中国 ●高さ 20〜40cm
- 株張り 20〜40cm ●耐暑性 ◎ ●耐寒性 ◎
- 土の乾湿 乾き気味〜適湿〜湿り気味
- 観賞期間 花：7〜10月 葉：オールシーズン 実：11〜3月

キチジョウソウ
Reineckea carnea

家に植えて花が咲くと縁起がよいといわれることから名がついた。長い葉の陰で気づきにくいが、赤紫色の穂に小さな花が咲く。宮城県以西の暗い林床に自生する。日陰の環境でよく繁殖するが、夏の日差しには弱く、乾燥すると葉色が悪くなる。湿り気のある場所を好み、日陰の庭の隅や建物に囲まれた環境にも使える。

Data
- 日照 暗い日陰、明るい日陰
- キジカクシ科 ●和名と別名 吉祥草 ●常緑多年草
- 原産地 日本、中国 ●高さ 10〜30cm
- 株張り 20〜30cm ●耐暑性 ◎ ●耐寒性 ◎
- 土の乾湿 適湿〜湿り気味 ●観賞期間 花：11月

プレクトランサス
Plectranthus

カラフルな葉色、個性的な斑入り模様もあってカラーリーフとして人気がある。秋の花が少なくなったころに、サルビアに似た可憐な花を咲かせるため、花ものとしても出回る。本来日なた向きだが、夏の強い日差しに弱いので半日陰ならば心配ない。耐寒性がないので通常一年草扱いだが、室内に取り込めば冬場も育てられる。

Data
- 日照 明るい日照、半日陰
- シソ科 ●和名と別名 スウェーデンアイビー
- 一年草、多年草、低木 ●原産地 ユーラシア大陸、アフリカ大陸、オセアニア ●高さ 5〜80cm
- 株張り 30〜40cm ●耐暑性 ◎ ●耐寒性 △
- 土の乾湿 適湿〜湿り気味 ●観賞期間 葉：オールシーズン

セキショウ
Acorus gramineus

きれいなライン状の葉を伸ばし、ゆっくりと育つ。水を好むので庭園の水辺などで使われ、自然風の庭によくなじむ。丈夫で日なたにも半日陰にも適応するが、斑入り葉は強い日差しに弱く葉焼けするため、半日陰が適している。特別な管理は不要で、古い葉がめだってきたら、春の新芽が伸びる前に刈り込んでおくとよい。

> **Data**
> ☀ **日照 明るい日陰、半日陰**
> ● ショウブ科　● 和名と別名 石菖、アルコス　● 常緑多年草
> ● 原産地 日本、東アジア　● 高さ 20〜30cm
> ● 株張り 25〜50cm　● 耐暑性 ◎　● 耐寒性 ◎
> ● 土の乾湿 乾き気味〜適湿〜湿り気味
> ● 観賞期間 葉：オールシーズン

カレックス
Carex

細い葉のラインや葉色が美しい。赤銅色や斑入りなどもあり、葉色のカラーリーフとして親しまれている。また、根が張るので路肩の土留めなどにも使われている。放任でも育ち、古株になっても崩れないので、株分けするよりもむしろ大株に育てて楽しむとよい。種類によって日陰のタイプが異なるので使い分けるとよい。

> **Data**
> ☀ **日照 明るい日陰、半日陰**
> ● カヤツリグサ科　● 和名と別名 スゲ、ベアグラス
> ● 常緑多年草　● 原産地 日本、ニュージーランド
> ● 高さ 20〜120cm　● 株張り 30〜60cm　● 耐暑性 ◎
> ● 耐寒性 ○　● 土の乾湿 乾燥〜適湿〜湿り気味
> ● 観賞期間 葉：オールシーズン

ウラハグサ
Hakonechloa macra

葉がつけ根でねじれ、葉の裏側が表に出るため、「裏葉草」の名がついた。本州の山地などに自生する多年草で、明るい緑色の葉がそよ風に揺れる様子はさわやか。とても丈夫で日なたでも日陰でも適応する。水はけのよい場所を好むので、土を盛って植えるとよい。新芽が出る前に枯れた葉を剪定するときれいな葉が保てる。

> **Data**
> ☀ **日照 明るい日陰、半日陰**
> ● イネ科　● 和名と別名 裏葉草、フウチソウ
> ● 多年草　● 原産地 日本　● 高さ 20〜30cm
> ● 株張り 30〜60cm　● 耐暑性 ◎　● 耐寒性 ◎
> ● 土の乾湿 適湿　● 観賞期間 葉：4〜10月

植物名索引

あ

- アオキ ……………………………… 16,50,86
- アオギリ …………………………… 28,31,33,34
- アオダモ …………………………… 19,22,26,46
- アガパンサス ……………………… 61,101
- アカンサス・モリス ……………… 101
- アグロステンマ …………………… 39
- アジサイ …………………………… 19,88
- アシズリノジギク ………………… 7,27,53
- アジュガ …………………………… 53,76,111
- アスチルベ ………………………… 24,44,53,55,61,97
- アストランティア ………………… 100
- アストランティア・マイヨール … 100
- アセビ ……………………………… 17,55,87
- アナベル（アメリカノリノキ'アナベル'）
   ……………………… 6,17,19,29,33,37,55,94
- アマドコロ ………………………… 44,45,59,81,111
- アマナツ …………………………… 7,27,53
- アリウム・トリケトラム ………… 115
- アルケミラ・モリス ……………… 55
- イカリソウ ………………………… 62,113
- イヌシデ …………………………… 46,47
- イポメア …………………………… 29,34,58
- イロハモミジ ……………………… 27,46
- イワミツバ ………………………… 7,27,53,57,123
- イングリッシュ・ブルーベル …… 114
- インパチェンス …………………… 61,119
- ウラジロノキ ……………………… 75
- ウラハグサ ………………………… 125
- エゴノキ …………………………… 75,77
- エゾムラサキ ……………………… 114
- エビネ ……………………………… 61
- オオモミジ ………………………… 22
- オガタマ …………………………… 47
- オシダ ……………………………… 60
- オリーブ …………………………… 46,47
- オルラヤ・グランディフローラ … 55,64,96

か

- ガーデンシクラメン ……………… 53,110
- カエデ ……………………………… 19,24,53,81
- ガクアジサイ ……………………… 55
- カクレミノ ………………………… 86
- カシワバアジサイ ………………… 53,89
- カシワバアジサイ'リトル・ハニー' … 61
- カタクリ …………………………… 26,62
- カラマグロスティス・ブラキトリカ … 45
- カラタチバナ ……………………… 108
- カレックス ………………………… 7,27,53,78,125
- カンパニュラ・パーシフォリア … 99
- キショウブ ………………………… 54,77,102
- キチジョウソウ …………………… 51,124
- ギボウシ
   … 4,17,19,32,37,44,55,57,60,75,77,79,105
- キョウガノコ ……………………… 53
- キンセンカ ………………………… 70
- クサソテツ ………………………… 50,61,77,106
- クジャクシダ ……………………… 50,59,106
- クチナシ …………………………… 55
- クリスマスローズ
   … 4,26,50,52,55,62,63,70,71,75,77,81,110
- グレゴマ …………………………… 121
- クレマチス ………………………… 25,43,91
- クレマチス'踊場' ………………… 43
- クレマチス'白万重' ……………… 91
- クレマチス'天使の首飾り' ……… 91
- クレマチス'パルセット' ………… 43
- ゲッケイジュ ……………………… 47
- ケマンソウ ………………………… 116
- コアジサイ ………………………… 89
- コガクウツギ ……………………… 22,93
- コガクウツギ'花笠' ……………… 52
- コケ類 ……………………………… 24,27
- コバノズイナ ……………………… 55,93
- コバノズイナ'ヘンリーズ・ガーネット'
   ……………………………………… 93
- コリウス …………………………… 34,57,64,107
- コリウス'キャンプ・ファイヤー' … 107
- コリウス'ゴリラ' ………………… 107
- コリウス'ムーンライト' ………… 7,79
- コルジリネ ………………………… 60
- コンギク …………………………… 77,79,120

さ

- サクラ ……………………………… 45
- ジギタリス ………………………… 33,39,58,70,98
- ジギタリス'アプリコット' ……… 55
- シダ ………………………………… 59
- シマトネリコ ……………………… 19, 46, 47
- シモツケ …………………………… 81,92
- ジャイアント・スノードロップ … 109
- シャガ ……………………………… 16,50,117
- シャクナゲ ………………………… 90
- ジャノヒゲ ………………………… 50,59,78
- シュウカイドウ …………………… 50
- シュウメイギク …………………… 17,55,61,79,104
- 宿根イベリス ……………………… 72,110
- 宿根ネメシア ……………………… 118
- 常緑ヤマボウシ …………………… 46, 47
- シラユキゲシ ……………………… 62
- シラン ……………………………… 25,50,53,97
- シロバナシラン …………………… 25,50
- シロヤマブキ ……………………… 92
- ジンチョウゲ ……………………… 92
- スイセン …………………………… 50,113
- スイセン'テータ・テート' ……… 50
- スキミア …………………………… 95
- ススキ ……………………………… 77
- スノードロップ …………………… 109
- スパニッシュ・ブルーベル ……… 114
- スミレ ……………………………… 26,62,63,77
- スモークツリー …………………… 30
- セイヨウアジサイ ………………… 27
- セイヨウオダマキ ………………… 71,79,119
- セキショウ ………………………… 31,125
- センリョウ ………………………… 95
- ソヨゴ ……………………………… 46, 47,85

た

- タイワンホトトギス ……………… 53,61,104
- チューリップ ……………………… 4,62,77
- チューリップ'イエロー・スプリンググリーン'
   ……………………………………… 63
- チューリップ'レムズ・フェイバリット' … 76
- チョウジソウの仲間
   ……………………… 33,35,45,55,59,79,96
- チョコレートコスモス …………… 34,58,64
- ツバキ ……………………………… 84
- ツルニチニチソウ ………………… 50
- つるバラ …………………………… 31,33,38,42,58
- ツワブキ …………………………… 61,70,81,104
- ティアレラ ………………………… 55,58
- ディル ……………………………… 32
- ディルフィニウム ………………… 5,64

トキワマンサク　47	バラ'プロスペリティ'　76	ムラサキミツバ　54,56,59,123
ドクダミ　117	バラ'ポールズ・ヒマラヤン・ムスク'　35	モッコウバラ　80
トサミズキ'スプリング・ゴールド'　22,52,56,76,87	バラ'マダム・アルフレッド・キャリエール'　32	
トレニア　64,118	バラ'マルゴズ・シスター'　41	**や**
トレニア・フルニエリ　118	バラ'ラ・レーヌ・ヴィクトリア'　32	ヤツデ　22,24,50,85
	ハラン　50	ヤブコウジ　16,50,73,108
な	ビオラ　37,55,59,64,65,70	ヤブラン　50,55,59,79,81,124
ナツツバキ　46	ヒナソウ　37	ヤブラン'ギガンチア'　52
ナリヒラヒイラギナンテン　95	ヒペリカム'ゴールド・フォーム'　56	ヤマアジサイ　24,25,27,50,53,59,61,81,90
ニシキシダ　60,123	ヒメウツギ　116	ヤマアジサイ'九重山'　23
ニホンズイセン　113	ヒメシャラ　46,91	ヤマシャクヤク　115
ニューサイラン　55	ヒューケラ　29,32,55,57,59,121	ヤマブキ　53
ニリンソウ　62,109	ビヨウヤナギ　94	ヤマボウシ　22,75
ネグンドカエデ　75	フッキソウ　50,120	ヤマモミジ'鴨立沢'　15,46
ネズミモチ　75	プルモナリア　112	ヤマユリ　103
ネメシア　30	プルモナリア'サムライ'　57,112	ユーカリ　46
ノゲイトウ　64,65	プレクトランサス　58,73,124	ユーパトリウム　44,102
ノリウツギ　90	フロックス　29,71,79	ユーパトリウム'チョコラータ'　56,102
	フロックス・カロライナ'ビルベイカー'　78,112	ユーフォルビア　24,29,32,122
は	フロックス・ピサロ'ムーディブルー'　55	ユーフォルビア'ダイアモンド・フロスト'　58,122
バイカウツギ　44,55,88	ペチュニア　29,30,32,64,65	ユーフォルビア'フェンス・ルビー'　53,122
ハウチワカエデ　23,46,47	ペチュニア'花衣'　30	ユーフォルビア'ブラック・パール'　122
バジル　32	ベニシダ　50,51,59,107	ユキノシタ　24,27,50,55,62,117
ハナダイコン　76	ベニバスモモ　47,75	
ハナニラ　113	ペルシカリア　35,78,105	**ら・わ**
ハボタン　64	ペルシカリア'シルバードラゴン'　78	ラミウム　53,120
バラ'アルバ・セミプレナ'　35	ベロニカ　103	ラミウム・マクラツム　120
バラ'アンヌ・マリー・ド・モントラベル'　41	ペンタス　29,31,64,65	リグラリア　53
バラ'イヴォンヌ・ラビエ'　41	ヘンリーヅタ　35	リシマキア　32,98
バラ'ウィリアム・ロブ'　33	ホタルブクロ　25,61,100	リシマキア'アトロパープレア・ボジョレー'　98
バラ'クイーン・オブ・スウェーデン'　36	ホトトギス　57,79	リシマキア'ミッドナイト・サン'　98
バラ'群星'　39,58		リョウブ　86
バラ'紫玉'　5,42	**ま**	レーマニア・エラータ　76,99
バラ'スブニール・ドゥ・ドクトル・ジャメイン'　55	マリーゴールド　64	ロータス・ヒルスタス'ブリムストーン'　122
バラ'千咲'　41	マリーゴールド'ストロベリーブロンド'　34,64	ロサ・ルゴサ・プレナ　40
バラ'つるアイスバーグ'　5,42	マンリョウ　50,108	ワイヤープランツ　59
バラ'ドロシー・パーキンス'　43	ミスカンサス　70,71	ワスレナグサ　55,64,71,76,114
バラ'バレリーナ'　40	ミツバシモツケ　25,99	
バラ'春がすみ'　5	ミツマタ　84	
バラ'ピンク・グルーテンドルスト'　40	ミモザ　46	
バラ'フィリス・バイド'　43	ミヤコワスレ　55,119	
バラ'フェリシア'　40	ミヤマシキミ　95	
	ムラサキツユクサ　102	

監修者

●**宇田川佳子**（うだがわ・けいこ）
2001年「Myu Garden Works」を設立。東京郊外の個人邸の庭づくりを中心に活躍。植栽のアイディアや都市型の庭づくりのノウハウの提案も行っている。日本クリスマスローズ協会理事。ナチュラルシードマイスター。著書に『家を飾る小さな庭づくり フロントガーデン』（農山漁村文化協会）、『はじめての小さな庭のつくり方』（新星出版社）など。

●**斉藤よし江**（さいとう・よしえ）
埼玉県毛呂山町のオープンガーデン「グリーンローズガーデン」オーナー。約400坪の敷地内にローズガーデンをつくり、栽培教室や、庭づくりの指導も行っている。バラや球根植物、ポタジェで彩られた美しい庭づくりは、多くのガーデナーを魅了している。著書に『ようこそ、バラの咲くカフェへ グリーンローズガーデンの四季』（KADOKAWA）など。
https://greenrosegarden.amebaownd.com/

●**田口裕之**（たぐち・ひろゆき）
埼玉県ときがわ町で庭づくりを手がける「木ごころ」の代表・チーフデザイナー。雑木の木陰や山野草、自然石や砂利などを生かした、里山の風景を思わせる庭づくりを得意とする。つくりこみすぎない自然な庭づくりが多くの支持を集めている。
http://www.ki-gokoro.net

デザイン	矢作裕佳（sola design）
撮影	八藤まなみ、宇田川佳子、瀧下昌代、田口裕之
編集	瀧下昌代
撮影協力	鈴木美千代、山本ひろみ
イラスト	阿部真由美
校正	佐藤博子
DTP制作	天龍社

美しい庭が一年中楽しめる
日陰をいかす四季の庭づくり

2019年4月20日　第1版発行
2022年4月15日　第5版発行

監修者	宇田川佳子 斉藤よし江 田口裕之
発行者	河地尚之
発行所	一般社団法人 家の光協会 〒162-8448　東京都新宿区市谷船河原町11 電話　03-3266-9029（販売） 　　　03-3266-9028（編集） 振替　00150-1-4724
印刷・製本	図書印刷株式会社

乱丁・落丁本はお取り替えいたします。
定価はカバーに表示してあります。
©IE-NO-HIKARI Association 2019 Printed in Japan
ISBN 978-4-259-56615-9 C0061